理解演算法

Python初學者的深度歷險

Bradford Tuckfield 著／陳仁和 譯

感謝我的父母——David與Becky Tuckfield——
信任我，還有教我玩 *la pipopipette*（點格棋），
謹以本書獻給你們。

關於作者

Bradford Tuckfield 是資料科學家，也是作家。目前經營資料科學顧問公司 Kmbara（*https://kmbara.com/*）以及管理虛構小說（短篇故事）網站 Dreamtigers（*http://thedreamtigers.com/*）。

關於技術審稿人

Alok Malik 是印度新德里的資料科學家。他從事深度學習模型的 Python 開發工作，主要應用於自然語言處理與電腦視覺兩個領域。其中開發部署的解決方案包括：語言模型、影像與文字分類工具、語言翻譯工具、語音轉文字模型、專有名詞辨識工具、物件偵測工具等。還與人合寫一本機器學習書籍。他於閒暇之時，喜愛閱覽金融相關讀物、參與 MOOC 或是用自己的遊戲機打電玩。

目錄

9
機器學習 191

10
人工智慧 213

11

本書範例檔下載網址為：

http://books.gotop.com.tw/v_ACL062600

致謝

「兩位作家對於相同遣詞用字的淵源並不相同。一位從腹中取出來。另一位從衣袋拿出來。」（A word is not the same with one writer as it is with another. One tears it from his guts. The other pulls it out of his overcoat pocket.）這是佩吉（Charles Peguy）對於個別遣詞用字的敘述方式。就章節、書籍的組成而言，也是如此。我覺得本書有時就像是從大衣口袋裡拿出來，而有時彷彿是從腹中取出來。對於這段漫長寫作過程來說，應當感謝為此做出貢獻的所有人，他們不是借我大衣，就是幫忙處理我傾訴的衷腸。

由於許多貴人的協助，讓我一路上得以累積撰寫本書所需的經驗與技能。其中我的父母——David 與 Becky Tuckfield——在生活與教育中，惠我良多，對我的信任與鼓勵不斷，給我的諸多幫助，不勝枚舉。Scott Robertson 讓我有第一份程式撰寫工作，儘管不夠資格，也做的不是很好，還願意給我嘗試。就算我的經驗不足，Randy Jenson 仍然給了我第一份資料科學的工作。Kumar Kashyap 給我第一次機會，帶領開發團隊實作演算法。David Zou 是第一位付我撰文稿費的人（10 篇短片評論總共 10 美元未含 PayPal 費用），這感覺真好，讓我得以走上後續寫作之路。Aditya Date 是第一位建議我寫書的人，給我第一次著書的機會。

另外我也得到許多老師和導師的鼓勵。與 David Cardon 在學術研究方面的首次合作機會，過程中給我許多教導。承蒙 Bryan Skelton、Leonard Woo 的引導，讓我知道能夠成長的模樣。Wes Hutchinson 教我關鍵演算法（譬如：k-means 分群），以及協助我更加了解演算法的運作。Chad Emmett 教我歷史與文化的思維方式，特此將本書第 2 章獻給他。Uri Simonsohn 教我對於資料的考量方式。

因為某些人的協助，讓本書撰寫過程趣味橫生。Seshu Edala 協調工作時程，讓我得以有時間寫作，另外還不斷給予鼓勵。在編輯過程中，與 Alex Freed 的合作愉快。Jennifer Eagar 在出版首發前幾個月透過 Venmo 轉帳方式，非正式地成為第一位購買本書的人；此為艱辛期間難得的賞識。還有 Hlaing Hlaing Tun 一路走來的支持、協助、親切、鼓勵。

以上諸位的恩情，我無以回報，只能向你們說聲謝謝。感謝大家！

緒論

演算法（**algorithm**）無所不在。今日之內，讀者可能已執行過數個演算法。本書會介紹數十個演算法：有些簡單、有些複雜、有些著名、有些無名，不過都很有趣，都值得學習。本書第一個演算法算是最可口誘人的——可產生莓果燕麥優格百匯（**berry granola parfait**），圖 **1** 呈現此演算法的全部內容。讀者可能習慣將此類演算法稱為「食譜」，然而其符合高德納（**Donald Knuth**）對演算法的定義：一組有限規則，予以一系列作業（運算），用於解決特定類型問題。

莓果燕麥優格百匯

作法

1. 將六分之一杯藍莓放入一份（大）量的玻璃杯底部。
2. 用半杯的原味土耳其優格蓋住藍莓。
3. 將三分之一杯的燕麥鋪在優格上面。
4. 用半杯的原味土耳其優格蓋住燕麥。
5. 將草莓放在玻璃杯中的所有內容物上面。
6. 最後放入最愛的發泡鮮奶油。

圖 1：演算法（一組有限規則，予以一系列作業，用於解決特定類型問題）

優格百匯的製作並非唯一涉及演算法的生活例子。每年美國政府都會要求每位成年公民執行一種演算法，並致力監禁那些沒有正確執行演算法的人民。2017 年，數百萬美國人完成圖 2 所示的演算法（內容取自 1040 EZ 所得稅申報表），履行應盡的義務。

1	工資、薪水、小費。應列於你的 W-2 表格 Box 1 中。 並附上你的 W-2 表格。	1
2	應稅利息。若總額超過 1,500 美元，則不能使用 1040 EZ 表格。	2
3	失業補助金與阿拉斯加永久基金股息（參閱報稅說明）。	3
4	將第 1、2、3 項相加。這是你的**調整後總所得**。	4
5	若有人可以將你（或配偶——合併申報的話）列為受扶養人， 則勾選下方適用的方框，並依照背面工作表填入正確金額。 ☐ **你**　☐ **配偶** 若沒有人將你（或配偶——合併申報）列為受扶養人，**單身者**填入 10,400 美元；**已婚合併申報者**填入 20,800 美元。參閱背後解釋。	5
6	將第 4 項減去第 5 項。若第 5 項大於第 4 項，則填入 -0-。 這是你的**應稅所得**。 ▶	6
7	表格 W-2 與 1099 中預扣的聯邦所得稅。	7
8a	**勞務所得稅額扣抵**（參閱報稅說明）	8a
b	免稅的戰鬥工資選擇。 8b	b
9	將第 7 項與第 8a 項相加。這是你的**已納稅額與稅額扣抵總額** ▶	9
10	**稅額**。使用上面**第 6 項**的金額，對照報稅說明的稅額表，找出應繳稅額。然後將稅額填於此項中。	10
11	健保：個人負擔（參閱報稅說明）　涵蓋整年度 ☐	11
12	將第 10 項與第 11 項相加。這是你的**總稅額**。	12

圖 2：所得稅申報表的說明（符合演算法定義）

所得稅與優格百匯怎麼會有共同之處呢？所得稅是難免的、數值的、困難的、不討喜的。優格百匯是偶爾的、藝術的、容易的而且毫無例外會受到眾人喜愛的。兩者唯一共同點是，人們執行演算法達成目標。

偉大的電腦科學家高德納除了定義演算法，還表示，algorithm（演算法）與 *recipe*（食譜）、*procedure*（程序、步驟）、*rigmarole*（繁瑣手續）幾乎是同義的。以在此想像的 1040 EZ 所得稅申報表來說，其中有 12 個步驟（一個有限項目列表），指定相關作業（譬如步驟 4 的加法與步驟 6 的減法），以解決特定類型的問題：避免因逃漏稅而入獄。以製作優格百匯而言，有六個有限步驟，指定相關作業（譬如步驟 1 的放入、步驟 2 的覆蓋）以解決特定類型的問題：手中（嘴裡）能有一份優格百匯。

當對演算法了解越多，就會發現演算法無所不在，而體會到其強大能力。第 1 章將討論人類非凡的接球能力，找出人類潛意識中能夠執行接球的演算法細節。後續章節將討論的演算法包含：程式除錯、吃到飽的食量決定、收入最大化、串列排序、工作排程、文字校對、郵件投遞、西洋棋與數獨這類遊戲的取勝策略。過程中會學到演算法的評斷，主要依據專業人員認為很重要的幾個性質予以判斷。就此將開始理解演算法的技術，甚至敢說是演算法的藝術——在精確定量的探索中，還提供創造發揮、人格發展的機會。

適合閱讀本書的讀者

本書以輕鬆方式介紹演算法，並附帶 Python 示例說明。若要從中受惠最多，建議讀者能有下列經驗：

程式設計：本書主要範例會用 Python 程式說明。盡量逐步解釋每個程式片段，讓未曾接觸過 Python（以及無程式設計經驗）的讀者易於了解本書內容。然而，對程式設計至少有基礎的認知——譬如：變數指派（variable assignment 或稱作變數指定）、`for` 迴圈、`if/then` 陳述式、函數呼叫（function call 或稱作函式呼叫）——這將是從中受益的妥善準備。

高中數學：演算法要完成的諸多目的，往往與數學的目標雷同，譬如：解方程式、最佳化、計算數值。演算法還應用數學思維相關的諸多原理，像是：邏輯、精確定義之需求。本書的某些論述將轉往數學領域，其中包括：代數、畢式定理、pi、基礎微積分（最初級的）。盡量避免深奧難懂的內容，設法不要超出美國高中數學教授範圍。

對於上述的閱讀前提感到自在者，應該能夠掌握書中所有內容。本書的撰寫是以下列讀者為考量：

學生：適用於高中和大學階段的演算法、電腦科學（計算機科學）、程式設計入門課程。

專業人員：有一些專業人員（工程師、開發人員）可以從中獲得有用的技能，主要包括想要加強熟悉 Python 應用者；希望更了解電腦科學基礎者；學習如何以演算法思維改進程式者。

科技愛好者：本書主要鎖定的讀者是對科技感興趣的愛好者。演算法幾乎觸及生活每一方面，因此每位讀者應該能夠從中找到某些內容，讓讀者對周圍世界的理解倍增。

關於本書

本書並無涵蓋現有演算法的一切層面；僅為入門指南。讀了本書之後，可明確理解何謂演算法，知道如何以程式實作重要演算法，了解如何「評斷」與「最佳化」演算法效能。還能熟悉專業人員現今運用的諸多流行演算法。本書的章節安排，如下所述：

第 1 章、演算法解題：這章要處理接球問題，針對操控人類行為的潛意識演算法，尋找相關證據，還有演算法實用教導以及演算法實作方式。

第 2 章、歷史上的演算法：本章要穿越歷史、環遊世界，明白古埃及人與俄國農民如何做數字相乘，古希臘人如何求出最大公因數，以及中世紀的日本學者如何創建幻方。

第 3 章、最大化與最小化：這章要介紹梯度上升、梯度下降。這些簡單方法用於最佳化作業，求出函數的最大值（或極大值）、最小值（或極小值）——此為諸多演算法的重要目標。

第 4 章、排序與搜尋：本章論述一些基本演算法，用於串列排序及其內元素的搜尋。另外還要說明如何衡量演算法的效率與速度。

第 5 章、純數學：這章要探討純數學的演算法，其中包括產生連分數、計算平方根、產生偽亂數。

第 6 章、進階最佳化：本章論及求最佳解的進階方法——模擬退火。還要介紹旅行業務員問題，這是高等電腦科學層次的問題。

第 7 章、幾何：這章要產生 Voronoi 圖，此種圖有諸多幾何用途。

第 8 章、語言：本章說明如何（有智慧的）將缺空格的文字加上空格，以及建議片語中下一個單字選擇。

第 9 章、機器學習：這章要討論決策樹，其為基本的機器學習方法。

第 10 章、人工智慧：本章進入雄心勃勃的專案——實作演算法，玩對戰遊戲，甚至說不定能贏。針對簡單的遊戲——點格棋予以論述，還有探討效能提升的方式。

第 11 章、勇往直前：這章要探討如何往演算法相關的高等研究邁進。其中討論聊天機器人的建置，以及利用數獨演算法贏得一百萬美元的情況。

Python 環境安裝

本書將使用 Python 語言實作文中論述的演算法。Python 是免費、開源（open source）的，多個主要平臺上都能夠執行 Python。可以使用下列步驟，分別在 Windows、macOS、Linux 平台上安裝 Python[譯註]。

Windows 版

請按照以下步驟安裝 Windows 平台的 Python：

1. 開啟 Windows 平台的 Python 最新版下載頁面（此網址包含結尾的斜線）：*https://www.python.org/downloads/windows/*。

譯註 以下安裝步驟，可能因為版本、平台或網頁變更，而有差異，過程以網頁瀏覽當下呈現的內容為主，此處描述程序僅供參考。

2. 點選要下載的 Python 版本連結。在此要下載最新版本，所以點選 **Latest Python 3 Release - 3.*X*.*Y***（*3.X.Y* 是最新的版本號碼，譬如：3.8.3）。本書的示例程式，已在 Python 3.6、3.8 版本做過執行測試。若讀者有興趣下載舊版本，請在此頁面向下捲動至 Stable Releases 區段，選擇想要安裝的版本。
3. 點選步驟 2 所述的連結，會導向所選的 Python 版本頁面。在 Files 區段，點選 **Windows x86-64 executable installer** 連結。
4. 點選步驟 3 的連結下載 *.exe* 檔案到自己的電腦中。此為安裝檔案；滑鼠雙擊開啟此檔案。此時將自動執行安裝程序。勾選 **Add Python 3.*X* to PATH** 方塊（*X* 是下載安裝的 Python 版本號碼，譬如：8）。隨後，點選 **Install Now**（將以預設選項進行安裝）。
5. 當看到「Setup was successful」訊息時，點選 **Close**，即完成安裝程序。

此時電腦會有新的應用程式，Python 3.*X*（在此 *X* 是安裝的 Python 版本號碼）。在 Windows 搜尋列中，輸入 `python`。當此應用程式出現時，點選程式開啟 Python console。可以在此 console 中輸入 Python 指令，執行工作。

macOS 版

請按照以下步驟安裝 maxOS 平台的 Python：

1. 開啟 macOS 平台的 Python 最新版下載頁面（此網址包含結尾的斜線）：*https://www.python.org/downloads/mac-osx/*。
2. 點選要下載的 Python 版本連結。在此要下載最新版本，所以點選 **Latest Python 3 Release - 3.*X*.*Y***（*3.X.Y* 是最新的版本號碼，譬如：3.8.3）。本書的示例程式，已在 Python 3.6、3.8 版本做過執行測試。若讀者有興趣下載舊版本，請在此頁面向下捲動至 Stable Releases 區段，選擇想要安裝的版本。
3. 點選步驟 2 所述的連結，會導向所選的 Python 版本頁面。在 Files 區段，點選 **macOS 64-bit installer** 連結。

4. 點選步驟 3 的連結下載 *.pkg* 檔案到自己的電腦中。此為安裝檔案；滑鼠雙擊開啟此檔案。此時將自動執行安裝程序（以預設選項進行安裝）。

5. 安裝程式將在電腦上建立 *Python 3*.X 資料夾（*X* 是安裝的 Python 版本號碼）。在此資料夾中，滑鼠雙擊 IDLE 圖示。將開啟 Python 3.*X*.*Y* Shell（此處 *3.X.Y* 是最新的版本號碼）。此為 Python Console，可在此執行任何 Python 指令。

Limux 版

請按照以下步驟安裝 Linux 平台的 Python：

1. 確認 Linux 所用的套件管理工具為何。常用的兩個套件管理工具是 yum、apt-get。

2. 開啟 Linux console（也稱作終端機「terminal」，執行下列兩個指令：

```
> sudo apt-get update
> sudo apt-get install python3.8
```

   若使用 yum 等其他套件管理工具，可將上述兩行的 apt-get 改用 yum 或其他套件管理工具的程式名稱。同樣的，若想要安裝舊版的 Python，可將此處的 3.8（此為本書撰寫時所用的最新版本）改用其他版本號碼取代（如：3.6，此為本書示例程式的一個執行測試版本）。想得知 Python 目前的最新版本，可參閱 *https://www.python.org/downloads/source/*。該頁面會有 **Latest Python 3 Release - Python 3.*X*.*Y*** 連結，其中 *3.X.Y* 是釋出的版本號碼；在上述的安裝指令中改用頁面所示的前兩個數值，即可安裝最新版本。

3. 在 Linux console 中執行下列指令（command），可啟動 Python：

```
python3
```

隨後將在 Linux console 視窗開啟 Python console，即可在此處輸入 Python 指令。

安裝第三方模組

本書論及的某些程式會用到 Python 第三方模組，這些模組並非是從 Python 官網下載的核心軟體部分內容。要在電腦上安裝第三方模組，可按照 *http://automatetheboringstuff.com/2e/appendixa/* 的說明予以安裝使用。

本章總結

本書的演算法探究將穿梭古今中外的世界。其中探討到源自古埃及、巴比倫、雅典（伯利克里時代）、巴格達、中世紀歐洲、日本（江戶時代）、英屬印度的發明，持續討論至非凡的當今、令人歎為觀止的技術。因而驅使我們尋找解決問題的新方法，越過原本似乎無法面對的阻礙。如此一來，不僅與古代科學先驅連結，也與當今電腦使用者、接球手、代代演算法使用者、尚未出生的創造者（在遙遠未來以我們所留下的內容創建演算法的人）相連。本書可成為讀者的演算法探險開端。

1

演算法解題

棒球賽的接球是不簡單的動作。起初，球位於遠處，看似地平線上的一小點。其在空中移動可能僅有短暫的幾秒鐘（甚至更短的時間）。期間遭受空氣阻力、風還有重力的影響，而呈拋物線運動。

投球時，每次採取的力量、角度以及面對的環境（具有各種情況的環境）都不一樣。那麼，當打者擊中球之際，距離 300 英尺遠的外野手，似乎立刻知道要往何處跑才能在球落地之前接殺，這是如何辦到的？

此稱為**外野手問題**（*outfielder problem*），目前學術期刊依然會論及此一議題。本書以外野手問題開頭，該問題有兩種截然不同的解法：解析解（analytic solution）與演算法解（algorithmic solution）。兩者相較之下，即可清楚說明何謂演算法以及個中差異。此外，外野手問題可讓時而抽象的場域形象化——投接某物的經驗，可以協助理解實務背後蘊含的理論。

在能夠真正明白人類如何完全掌握球的落點之前，可先就此了解機器是如何辦到的。本章將以外野手問題的解析解開始論述。此解法有精確的數學形式，可輕易用電腦即時運算，通常在物理概論的課程中會以其他描述內容教授該解法。這個解析解足以讓相當敏捷的機器人擔任棒球隊的外野手。

然而，計算解析算式，對於人腦來說並不容易，當然也無法像電腦那樣快速處理。較適合人腦的解法是演算法解，在描述解析解之後，將以演算法解探討何謂演算法，並與其他解決問題的方法相比，用以突顯演算法解的優點。此外，演算法解表明：演算法乃人類思考過程的自然呈現，讀者無須驚慌失措。此處提及外野手問題的用意，在於介紹解決問題的新方法——演算法方法。

解析方法

以解析方法解決這個問題之前，必須提起前幾世紀的古運動模型。

伽利略模型

最常用於球體運動建模的等式可追溯到伽利略（Galileo）時代，數個世紀前伽利略就針對加速度、速度與距離的計算訂定公式。假定球從地平面投擲而開始運動，忽略風與空氣阻力，伽利略模型表示，球於時間 t 所在的水平位置，可用下列公式取得：

$$x = v_1 t$$

其中 v_1 是球於 x 向（水平向）的起始速度。而依據伽利略的說法，球於時間 t 所在的高度（y）算式如下：

$$y = v_2 t + \frac{at^2}{2}$$

其中 v_2 為球在 y 向（垂直向）的起始速度，a 為向下的重力加速度（其為常數值，若以公制單位而言，大約是 $-9.81\ m/s^2$）。將上述第一式代入第二式，球的高度（y）及其水平位置（x）的關係如下：

$$y = \frac{v_2}{v_1}x + \frac{ax^2}{2v_1^2}$$

在此使用示例 1-1 的 Python 函數（套用伽利略算式）為假想球的運動軌跡建模。示例 1-1 特定多項式適用的初始球速：水平速度約為每秒 0.99 公尺、垂直速度約為每秒 9.9 公尺。可以針對各種投擲物的建模而自由選用合適的 v_1、v_2 值。

```
def ball_trajectory(x):
    location = 10*x - 5*(x**2)
    return(location)
```

示例 1-1：球的運動軌跡計算函數

以下用 Python 描繪示例 1-1 函數的計算結果，了解球運動軌跡的大致模樣（空氣阻力與其他微不足道的因素忽略不計）。第一行程式碼匯入 `matplotlib` 模組（內含一些繪圖功能）。`matplotlib` 模組是本書示例會匯入使用的多個第三方模組之一。運用第三方模組之前，必須先行安裝。可按照 *http://automatetheboringstuff.com/2e/appendixa/* 的說明內容安裝 `matplotlib` 和其他第三方模組。

```
import matplotlib.pyplot as plt
xs = [x/100 for x in list(range(201))]
ys = [ball_trajectory(x) for x in xs]
plt.plot(xs,ys)
plt.title('The Trajectory of a Thrown Ball')
plt.xlabel('Horizontal Position of Ball')
plt.ylabel('Vertical Position of Ball')
plt.axhline(y = 0)
plt.show()
```

示例 1-2：假想球的運動軌跡描繪（從投擲開始「`x = 0`」到落地為止「`x = 2`」）

程式的輸出結果（圖 1-1）是完美的軌跡圖，呈現假想球在空間移動的預期路徑。對於受到重力影響的各種拋射物而言，皆有類似此完美的運動曲線，小說家品瓊（Thomas Pynchon）為這個曲線賦予詩意的稱呼，並以此為自己的書籍命名——《引力之虹》（*Gravity's Rainbow*）。

並非所有的球體皆正好貼著此一路徑移動，不過這是球體有可能行經的路徑。球從 0 開始上升接著下降運動，正如人們習以為常看著球，從自己視野左邊到右邊那樣的上下運動。

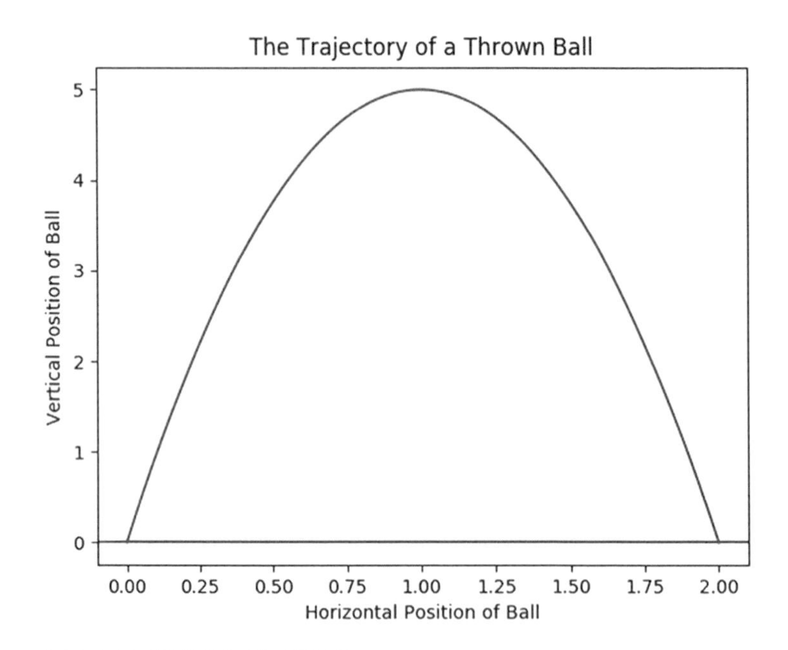

圖 1-1：假想球的投擲運動軌跡

「求出 x」策略

既然已知球運動位置的算式，就能針對所求位置（例如：球到達的最高點、落地位置）解特定方程式。外野手為了接住球，需要知道這些資訊。物理課的學生會學到如何求出這些解，若想要指導機器人擔任外野手，自然而然也能讓機器人學習這些式子。球最終位置的求解方法很簡單，只要將前述 `ball_trajectory()` 函數值設為 0：

$$0 = 10x - 5x^2$$

進而解此特定方程式（求出 x），其中的解法是套用中學教的二次公式解：

$$x = \frac{-b \pm \sqrt{b^2 - 4ac}}{2a}$$

結果有兩個解：$x = 0$ 與 $x = 2$。第一解（$x = 0$）是球的起始位置（投手投擲或打者打擊所在之處）。第二解（$x = 2$）是球飛行落地的位置。

上述的解法是比較簡單的策略。姑且稱之為「**求出 x**（*solve-for-*x）」**策略**。針對某個情況寫出特定方程式，然後為所求的變數解此方程式。「求出 x」策略在高中與大學的理科領域相當常見。通常要求學生解出：球的預計終點、理想的經濟生產水準、實驗用的化學物質比例等。

「求出 x」策略富有效用，例如，倘若軍隊觀測到敵軍發出拋射式武器（譬如：飛彈），可以立刻將伽利略的算式套入計算機中，近乎瞬間的算出飛彈預計落地之處，進而對它執行躲避或攔截任務。上述的計算作業可用消費性筆電免費完成（執行 Python 運算程式）。要讓機器人擔任棒球賽的外野手，也可以運用相同的策略，而不費吹灰之力的接住球。

已知待解的方程式與解法，「求出 x」策略就輕而易舉。這要歸功於前述的伽利略與偉人花拉子米（Muhammad ibn Musa al-Khwarizmi）兩者的貢獻（前者的拋射物運動算式、後者首先提出此種二次方程式的一般解法）。

九世紀博學家花拉子米，除了創造**代數**（*algebra*）一詞及其相關內容，對於天文學、製圖學與三角學也有所貢獻。他是讓人得以倘佯於本書之中的重要人物。而站在伽利略、花拉子米等巨人的肩膀上，就不須再度經歷這些式子推導過程所遭遇的困難——只要在適當情況下記得應用這些算式解決問題即可。

內在物理學家

精密機器使用伽利略與花拉子米的式子並採取「求出 x」策略，就能接球或攔截飛彈。但似乎可以假定，大多數棒球員看到球在空中飛，並不會立即寫出相關的運動算式。可靠的觀察報告顯示，職棒春訓之際，球員有大量的時間花在跑壘與對打項目，而聚集在白板周圍的時間少之又少，更遑論把時間用於 Navier-Stokes 方程式的推導。就算將球落點的謎團解開，也無法針對外野手問題提供明確的答案——也就是說，**人類**如何直覺知曉球的落點（無須套入電腦程式計算即可得知）。

或許就是這樣，外野手問題最圓滑的解法，得主張：若電腦能夠針對球的落點解伽利略二次方程式，則人類也會如此作為。其中將此種解法稱為**內在物理學家理論**（*inner physicist theory*）。依此理論，人腦的「濕體」（wetware）能夠設立二次方程式並求其解，或者描繪圖形而推斷球的運動軌跡，這些是人類下意識的動作。換句話說，人腦深處藏有「內在物理學家」，能在幾秒鐘之內算出數學難題的精確解，並將這些解傳給肌肉，進而讓肌肉找到接近球的路徑，帶動身體與手套前往。即使人們從來沒有上過物理課或求出 x，其潛意識也許就能達成所求。

內在物理學家理論並非毫無支持者（論點）可言。特別是著名數學家德福林（Keith Devlin）於 2006 年出版的著作《數學天賦：人人都是數學天才》（*The Math Instinct: Why You're a Mathematical Genius (Along with Lobsters, Birds, Cats, and Dogs)*）。該書封面有隻狗正在跳接飛盤，並分別標記飛盤與狗兩者相關的運動軌跡指標，意味著狗能進行複雜計算，以讓自己接到飛盤。

狗接飛盤與人接球，這些顯然的能力似乎可成為內在物理學家理論的支持論點。潛意識神祕深邃、能力強大，人們目前尚未能夠一探究竟。那麼潛意識為何不能偶爾解決一些高中程度的方程式呢？重點是無法反駁內在物理學家理論，其中很難想出此理論的替代方案：若狗不能解飛盤運動的偏微分方程式，那到底要怎樣接到飛盤呢？牠們使力一蹬向空中飛躍，下巴並用叼住飛行不定的飛盤，若無其事的模樣。假如沒有解決腦中的某些物理問題，怎麼能夠精確的接到球呢？

針對這問題，始終沒有好的答案。1967 年工程師布希（Vannevar Bush）寫了一本書，書中描述他所理解的棒球科學特徵，但無法解釋外野手如何知道該跑往何處接到飛球。好在物理學家查普曼（Seville Chapman）讀到該書，因而受到啟發，於隔年提出自己的理論。

演算法方法

查普曼身為典型的科學家，對於神祕而未經證實的人類潛意識論述難以信服，他期望針對外野手的能力有更為具體的解釋。進而提出自己的發現。

用脖子思考

查普曼開始為處理外野手問題而留意接球者的動作資訊。他認為不容易針對人類估計拋物線的精確速度、軌跡，較簡單的做法是觀測某些角度。若某人從平坦的地面投球（或擊球），則外野手看到球從接近眼平面（eye level）之處開始運動。設想由兩條直線（一條是地平線、一條是外野手眼睛與球連接的直線）所形成的夾角。打者擊球那一刻，其角度（大致）為 0 度。球起飛之後，高於地面，所以兩條線夾角的角度增加。即使外野手沒有研究幾何，也會對該角度「有感」——例如，脖子要往後傾斜多大程度才能看到球。

假設外野手站在球落地之處（$x = 2$），可從球運動早期軌跡描繪一條視線，以了解外野手看球視線的角度增加程度。下列程式碼會在示例 1-2 描繪的圖形中增建一條線段（將這些程式碼併入示例 1-2 同一個 Python seesion 中，一齊執行）。該線段代表球水平移動 0.1 公尺後外野手的眼睛與球相連的直線。

```
xs2 = [0.1,2]
ys2 = [ball_trajectory(0.1),0]
```

其中可以繪製多條視線，明白球運動過程中視線角度依軌跡遞增的情況。下列程式碼可就示例 1-2 描繪的圖形加入更多條線段。這些線段為外野手眼睛與球所在位置相連的直線，在此分別表示球運動的兩個點：水平移動 0.2、0.3 公尺之處。處理完上述線段的資料之後，即可將所有內容繪製輸出。

```
xs3 = [0.2,2]
ys3 = [ball_trajectory(0.2),0]
xs4 = [0.3,2]
ys4 = [ball_trajectory(0.3),0]
plt.title('The Trajectory of a Thrown Ball - with Lines of Sight')
plt.xlabel('Horizontal Position of Ball')
plt.ylabel('Vertical Position of Ball')
plt.plot(xs,ys,xs2,ys2,xs3,ys3,xs4,ys4)
plt.show()
```

結果顯示數條視線與地平線夾角的角度呈遞增狀態（圖 1-2）。

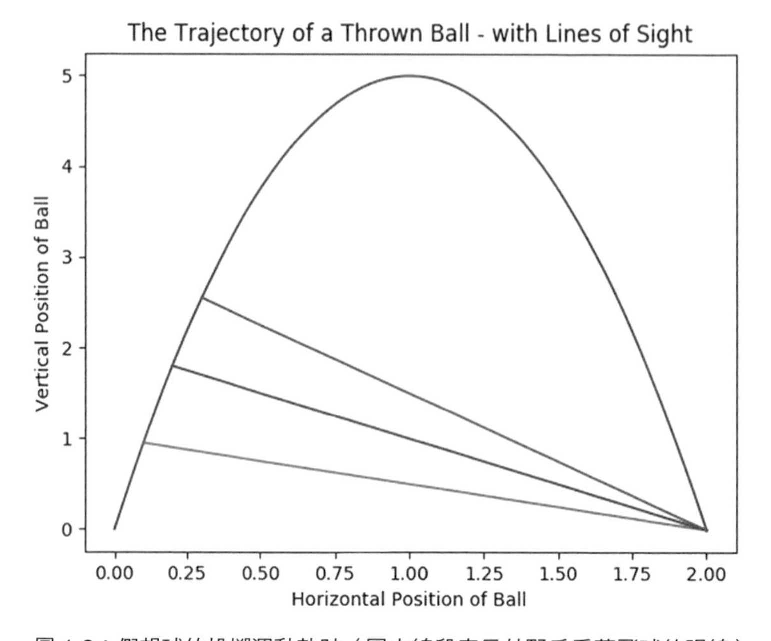

圖 1-2：假想球的投擲運動軌跡（圖中線段表示外野手看著飛球的視線）

隨著球的飛行，外野手視線的角度不斷增加，頭必須不停往後仰，直到接住球。在此將地平線與外野手看球視線兩者的夾角稱為 *theta*。其中假定外野手站在球的最終落點（$x = 2$）。回顧高中幾何數學，直角三角形中某角的正切（tangent）是該角對邊與鄰邊（非斜邊）的長度比值。因此，theta 的正切是球所在高度及其離外野手水平距離的比值。以下 Python 程式碼可描繪上述的三角形兩邊（兩邊長度比值為 theta 角的正切值）：

```
xs5 = [0.3,0.3]
ys5 = [0,ball_trajectory(0.3)]
xs6 = [0.3,2]
ys6 = [0,0]
plt.title('The Trajectory of a Thrown Ball - Tangent Calculation')
plt.xlabel('Horizontal Position of Ball')
plt.ylabel('Vertical Position of Ball')
plt.plot(xs,ys,xs4,ys4,xs5,ys5,xs6,ys6)
plt.text(0.31,ball_trajectory(0.3)/2,'A',fontsize = 16)
plt.text((0.3 + 2)/2,0.05,'B',fontsize = 16)
plt.show()
```

程式描繪結果如圖 1-3 所示。

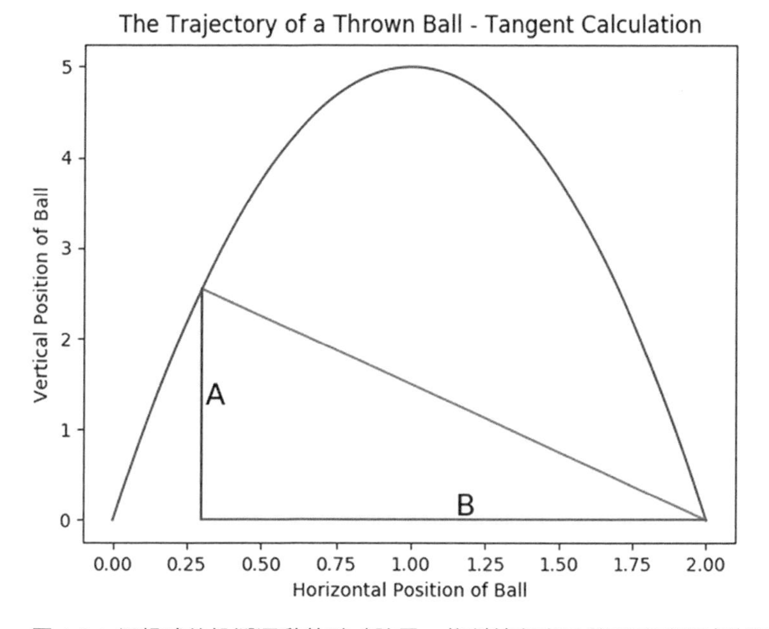

圖 1-3：假想球的投擲運動軌跡（除了一條斜線段表示外野手看飛球的視線，圖中還有線段 A 與線段 B，其中兩線段的長度比值是關注夾角的正切值）

計算 A 與 B 的邊長比值可得出相關夾角的正切值。此一算式中，A 的邊長為 $10x - 5x^2$、B 的邊長為 $2 - x$。所以下列式子隱含描述球飛行時所在位置的相關 *theta* 角：

$$tan(\theta) = \frac{10x - 5x^2}{2 - x} = 5x$$

複雜的整體情況：球被擊得很遠，迅速射出一條難以立即估計終點的拋物線。查普曼就此發現一個簡單關係：**當外野手站在正確的位置時**，theta 的正切值以簡單恆定的比率增加。查普曼突破的重點是，theta（即球與地面相關的角）的正切，隨著時間呈線性增長。查普曼在外野手問題的細項之中發覺這個簡單關係，進而開發出簡明的演算法解。

其解法依循的事實是，若拋射物的 theta 角正切值以恆定的速率增長，則此正切值加速度為零。所以剛好站在球行進方向前頭，觀測的夾角，其正切值的加速度為零。相較之下，站的位置離球的初始位置太近，觀測到正切值有正加速度；離球的初始位置過遠，觀測到正切值的加速度為負值。（若讀者願意的話，可自行驗證這些事實背後的棘手微積分。）這意味著外野手看到球上升時，感覺必須穩定的將頭往後仰多少程度，而知道要去哪裡接球；可說是——用脖子思考。

應用查普曼演算法

機器人不一定有脖子，所以「用脖子思考」的方法可能不適合機器人外野手。不過，它可以直接迅速解二次方程式，找到接球位置，而不必在意 theta 正切值的加速度。但對於人類來說，查普曼的「脖子思考法」可能相當有用。真人外野手想要知道球的最終落點，可以進行下列相對簡單的程序（process）：

1. 觀測兩線（地平線與看球的視線）夾角正切值的加速度。
2. 若加速度為正，則後退一步。
3. 若加入度為負，則往前一步。
4. 重複執行步驟 1 ～ 3，直到球正好位於面前。
5. 接球。

針對查普曼的五步法而言，有個重大的異議：外野手執行上述程序時，似乎必須即時計算夾角的正切值，這意味著人類要把「內在物理學家理論」換成「內在幾何學家理論」，其中棒球員得以用潛意識立刻算出正切值。

消除此異議的潛在方法是，對於許多角度而言，tan(theta) 約等於 theta 值，因此外野手不用在意某角正切的加速度，只需要觀測該角的加速度。脖子往後仰看球時，以頸關節扭動的加速度估計該角的加速度，而且此角度與其正切值相當接近，就不必假定外野手的潛意識具有任何數學能力——只要準確協調從不明感官輸入的物理技能。

若將加速度的估計視為上述程序唯一的困難部分，該程序即可成為外野手問題的潛在解決方案，這個方案比「潛意識推斷拋物線的內在物理學家理論」有更多心理可信度。當然，這種有心理吸引力的解決方案並不表示只能供人類使用。機器人外野手也可以按照查普曼五步程序執行程式，倘若如此為之，機器人的接球表現甚至可能比人類好（例如：查普曼程序讓機器人能夠動態反應由風或球彈跳所引起的變化）。

除了心理可信度，查普曼見解所呈現的五步程序還有更重要的特點：絲毫沒有採用「求出 x」策略或任何明確的方程式。而是提議反覆進行簡易的觀測、小而漸進的步驟，以達成定義明確的（well-defined）目標。換句話說，以查普曼理論所推論出來的程序稱為演算法。

用演算法解決問題

演算法（*algorithm*）一詞源自之前提到的偉人花拉子米（al-Khwarizmi）之名。要定義這個字詞並不容易，尤其是被認可的定義隨著時間而有所改變，並無固定。簡而言之，演算法就是一組指令，用以產生明確定義的結果。此為演算法廣義的定義；正如本書緒論所示，可將所得稅申報表或優格百匯食譜，自然而然的視為演算法。

相對於百匯食譜而言，因為查普曼接球程序（或者稱作查普曼演算法），包含循環結構，其中反覆進行小步驟，直到達成明確條件，所以可說是更具有演算法的模樣。此為本書採用的常見演算法結構。

因為外野手問題的「求出 x」解法並不合理（外野手往往不會知道相關的方程式），所以查普曼提出外野手問題的演算法解。一般來說，若「求出 x」策略無效時，則用演算法最有效。有時候不曉得要用的正確方程式為何，但更多時候是：並沒有方程式可以完整描述某個情況；方程式不可能解決問題；或者面臨時間、空間限制等等。演算法存在於一切可能性的邊際，屢次創建、改進演算法，可將效率與知識的前緣推進一小步。

現今大眾普遍認為演算法是困難、深奧、神祕、嚴格的數學，需要多年研究才能理解。如今的教育體系結構化，儘早就開始教授孩子「求出 x」策略，到大學、研究所階段才會教到演算法。對於許多學生而言，掌握「求出 x」策略需要數年時間，而且始終有勉強收受的感覺。有如此感受的人可能臆斷，對於演算法也會有同樣感覺，甚至認為演算法較「高等」而覺得更難理解。

然而，從查普曼演算法吸取的經驗是：解題方式完全本末倒置。課間休息時，學生學習與改善數十個演算法的效能（針對接、丟、踢、跑、動等動作），可能還有更複雜的演算法，其中包含尚未完全勾勒的情況以及社會運作管理的內容：高談闊論、地位尋求、閒話家常、聯盟組成與友誼培養。當課間休息結束，開始上數學課，立即讓學生離開演算法的探索領域，強迫學習「求出 x」這種不自然的機械化程序，這個程序不是人類自然發展的部分，甚至對於解析類型的問題而言，並不是最強大的解決方法。只有在學生進修高等數學（advanced math）與電腦科學（computer science 或稱作計算機科學），才能回到演算法的自然領域，再見之前在課間休息時不經意就能愉悅習得的強大程序。

本書用意是為好奇者提供腦力充電時間——年輕學生的課間休息時間，意味著：所有重要活動的開始，所有苦差事的結束，以及偕同朋友愉快探索的延續。若對演算法有任何恐懼感，可提醒自己，人類的一切即是自然的演算法，倘若能夠接住球、烤蛋糕，就算是掌握到相關的演算法。

後續章節將探討多種演算法。某些是排序串列或計算數值的演算法。另外有自然語言處理（natural language processing）與人工智慧（artificial intelligence）演算法。切記：演算法不會長在樹上。演算法在成為主流（以普及應用形式納入本書）之前，該演算法的發覺者、創建人（譬如查普曼），某天醒來，這個演算法尚未存在，而到當天結束（準備就寢）時，此演算法乍現。在此勉勵讀者嘗試效法這些演算法精英的心態。也就是說，演算法不僅是可用的工具，還可將視為解決艱鉅問題的方法。演算法世界尚未被完全描繪出來——許多演算法仍有待發覺與改善，誠摯期望讀者能成為發覺過程的一分子。

本章總結

本章探討解決問題的兩種方法：解析方法與演算法方法。藉由這兩種方式解決外野手問題，說明個中差異，最終歸結出查普曼演算法。在複雜的情況下，查普曼發現簡單模式（theta 的正切有固定的加速度），因而出現疊代循環程序的想法，程序中只須簡單的輸入（伸展脖子的加速感），進而達成明確目標（接球）。若要設法在自己的工作中開發、使用演算法，可以試著仿效查普曼的例子。

下一章將論述歷史上的一些演算法範例。這些範例應該可讓讀者對演算法有更深入的了解，文中探討演算法的內容及其運作方式。範圍涵蓋古埃及、古希臘、大日本帝國的演算法。新學到的演算法都能作為演算法「工具箱」的補充項目，並運用此一工具箱的累積，最終能夠進展到設計（改善）自己所需演算法的階段。

2

歷史上的演算法

多數人認為演算法與電腦息息相關。這不無道理；電腦作業系統使用多個複雜的演算法，程式設計頗能精確實作各種演算法。然而演算法比可執行演算法的計算機架構（電腦架構）更為根本。正如第 1 章所述，演算法一詞的出現，可以追溯到一千年前左右，而在更早的遠古時代，就有演算法相關的描述。除書面記載之外，大量證據顯示，古代已有複雜演算法的應用——例如：建築方法。

本章介紹數個淵源古老的演算法。其呈現出優秀的獨創力和洞察力，尤其是沒有電腦輔助的情況下所做的發明與驗證過程。首先討論俄國農民乘法（Russian peasant multiplication），這是一種算術方法，儘管演算法以此名稱之，不過其應該源於古埃及，實際上可能也與農民無關。接著介紹歐幾里得演算法（Euclid's algorithm），這是重要的「經典」演算法，用於求出最大公因數[譯註 1]。最後說明源自日本的幻方（magic square 或稱作魔方陣）產生演算法。

譯註 1　又稱作「輾轉相除法」。

俄國農民乘法

乘法表的學習是許多人受教育時感到特別痛苦的事。小孩會問父母為什麼一定要學乘法表，父母通常的回答是，沒有乘法表就不會乘法計算。這實在是荒謬的答案。**俄國農民乘法**（*RPM*），這種方法可在不懂乘法表大多內容之下進行大數相乘。

RPM 的起源不明。名為《萊因德紙草書》（*Rhind Papyrus*）的古埃及卷軸有此演算法的描述，而古埃及學者如何將這方法傳給位於偏遠遼闊俄國的農民，也有某些歷史學家提出推測（不過大多無法令人信服）。無論其歷史細節為何，RPM 是值得關注的演算法。

RPM（手動實作）

以 89 乘以 18 的計算為例。俄國農民乘法的程序如下。首先建立緊鄰的兩行（column）。第一行稱為**減半**（*halving*）行（將 89 填入）。第二行是**加倍**（*doubling*）行（將 18 填入），如表 1-2 所示。

表 2-1：減半與加倍表（第一部分）

減半	加倍
89	18

接著先填寫減半行。減半行中每列（row）要填寫的值是上一項除以 2 的商（餘數忽略不計）。例如，89 除以 2 的商是 44，餘數為 1，因此減半行的第二列寫 44（表 2-2）。

表 2-2：減半與加倍表（第二部分）

減半	加倍
89	18
44	

反覆進行除以 2 運算，到商是 1 為止（每次將結果的餘數捨棄，把商寫入下一列中）。所以 44 除以 2 的商是 22，22 減半則為 11，11 減半是 5（捨棄餘數），依此類推，後續減半的結果是 2、1。將上述結果依序寫入減半行中，如表 2-3 所示。

表 2-3：減半與加倍表（第三部分）

減半	加倍
89	18
44	
22	
11	
5	
2	
1	

就此，減半行處理完成。至於加倍行，顧名思義，其中每項內容是上一項的兩倍。因此，18 × 2 是 36，36 是加倍行的第二項內容（表 2-4）。

表 2-4：減半與加倍表（第四部分）

減半	加倍
89	18
44	36
22	
11	
5	
2	
1	

按照相同規則（即上一項內容加倍）持續將新項目加入加倍行中。反覆進行，直到加倍行的項目數等於減半行的項目數（表 2-5）。

表 2-5：減半與加倍表（第五部分）

減半	加倍
89	18
44	36
22	72
11	144
5	288
2	576
1	1,152

下一步是劃掉（移除）減半行中內容為偶數的每一列。結果如表 2-6 所示。

表 2-6：減半與加倍表（第六部分）

減半	加倍
89	18
11	144
5	288
1	1,152

最後一步是將加倍行中剩下的項目內容加總。結果是 18 + 144 + 288 + 1,152 = 1,602。此時用計算機驗算此乘法題的結果是否正確：89 × 18 = 1,602。藉由減半、加倍、加法程序可完成乘法運算，如此並不需要大幅度死背乏味的乘法表（讓小孩相當厭惡的數字表）。

若要明白此方法的運作原理，可將加倍行的內容改寫，以 18（即此題的乘數）的項式表示（表 2-7）。

表 2-7：減半與加倍表（第七部分）

減半	加倍
89	18 × 1
44	18 × 2
22	18 × 4
11	18 × 8
5	18 × 16
2	18 × 32
1	18 × 64

加倍行此時分別以 1、2、4、8……（最終到 64）的數字項表示。這些是 2 的冪（power），也可以寫成 2^0、2^1、2^2 等等。最終的加總運算（將減半行內容為奇數的列號對應到的加倍列內容全部相加），呈現出下列的總和式子：

$$18 \times 2^0 + 18 \times 2^3 + 18 \times 2^4 + 18 \times 2^6 = 18 \times (2^0 + 2^3 + 2^4 + 2^6) = 18 \times 89$$

RPM 的運作真相取決於下列的事實：

$$(2^0 + 2^3 + 2^4 + 2^6) = 89$$

仔細觀察減半行，就能理解上述式子屬實的原因。另外可用 2 的冪項（表 2-8）表示減半行。此時由最後一項開始，往上逐項改寫比較容易完成。其中，2^0 是 1、2^1 為 2。每列乘以 2^1，其中減半值為奇數者，額外加上 2^0。當逐列往上改寫，表達的內容越來越像上述的式子。改寫表格最上面的項目時，該運算式正好可簡化成 $2^6 + 2^4 + 2^3 + 2^0$。

表 2-8：減半與加倍表（第八部分）

減半	加倍
$(2^5 + 2^3 + 2^2) \times 2^1 + 2^0 = 2^6 + 2^4 + 2^3 + 2^0$	18×2^0
$(2^4 + 2^2 + 2^1) \times 2^1 = 2^5 + 2^3 + 2^2$	18×2^1
$(2^3 + 2^1 + 2^0) \times 2^1 = 2^4 + 2^2 + 2^1$	18×2^2
$(2^2 + 2^0) \times 2^1 + 2^0 = 2^3 + 2^1 + 2^0$	18×2^3
$2^1 \times 2^1 + 2^0 = 2^2 + 2^0$	18×2^4
$2^0 \times 2^1 = 2^1$	18×2^5
2^0	18×2^6

將減半行的每列予以編號，最上面的列編為列 0，依序下去（1、2……），最下面一個為列 6，則減半行中具有奇數內容的列號為 0、3、4、6。此時注意關鍵模式：這些列號碼正好是 89 運算式的指數部分：$2^6 + 2^4 + 2^3 + 2^0$。這並非巧合；減半行建構方式意味著，奇數內容項對應的列編號，必定是 2 的冪加總項式（其總和等於原被乘數）的指數部分。以這些列號索引取用加倍行對應項目，計算內容總和，可改寫為 18 乘以上述 2 的冪加總項式（這些 2 的冪項式總和正好為 89），因此得到 89 × 18 這個結果。

如此可行的原因是：RPM 是演算法裡有演算法。減半行本身就是演算法實作，目標是找出 2 的冪項式，其總和必須等於該行最上面一列的內容。這些 2 的冪加總運算式又稱為 89 的**二進位展開式**（*binary expansion*）。二進位是僅使用 0 和 1 編寫數值的另類方式，因為電腦以二進位方式儲存資訊，所以最近幾十年中二進位表達成為相當重要的表示法。其中可將 89 以二進位格式改寫成 1011001，第零位、第三位、第四位、第六位皆為 1（位數從右邊算起），位數完全對應減半行中奇數內容項的列編號，也對應到 2 的冪加總式子各項指數部分。可以將二進位表示內容中的 1 和 0 詮釋為 2 的冪加總項式的係數。例如，可將 100 此二進位值用下列式子詮釋：

$$1 \times 2^2 + 0 \times 2^1 + 0 \times 2^0$$

通常用計算結果數值 4（十進位）表示。而二進位值 1001 可詮釋為：

$$1 \times 2^3 + 0 \times 2^2 + 0 \times 2^1 + 1 \times 2^0$$

通常以數值 9（十進位）表示。執行該迷你演算法，取得 89 的二進位展開式，就能輕鬆進行整個演算法，完成乘法程序。

RPM（Python 實作）

以 Python 實作 RPM 輕而易舉。假設 n_1、n_2 兩數相乘。開啟 Python script，定義下列變數：

```
n1 = 89
n2 = 18
```

接著處理減半行。如之前所述，減半行開始填入要相乘的兩數之一（在此填入被乘數）：

```
halving = [n1]
```

下個項目為 `halving[0]/2`，除法的餘數忽略不計。可以使用 Python 的 `math.floor()` 函數達成需求。該函數可取得與輸入數值最接近（小於或等於）的整數結果。例如，減半行的第二列的計算結果如下：

```
import math
print(math.floor(halving[0]/2))
```

執行上述 Python 程式的結果為 44。

就此以迴圈處理減半行的所有列，此迴圈每次疊代作業，以同樣的方式算出減半行下個項目，到項目內容是 1 才停止迴圈運作：

```
while(min(halving) > 1):
    halving.append(math.floor(min(halving)/2))
```

此迴圈使用 append() 方法處理行（column）資料的串接。在 while 迴圈每次疊代作業中，這個方法將 halving 向量（vector）[譯註 2] 與該向量最後一個內容值的一半結果（使用 math.floor() 函數計算，餘數可忽略不計）串接起來。

加倍行的處理方式雷同：從 18 開始處理，透過迴圈反覆進行。在迴圈每次疊代作業中，將加倍行的上一項目內容加倍之後，新增到加倍行中，當此行的長度與減半行的長度相同時，即可停止處理：

```
doubling = [n2]
while(len(doubling) < len(halving)):
    doubling.append(max(doubling) * 2)
```

把處理完成的兩行資料放到 half_double dataframe 資料結構中：

```
import pandas as pd
half_double = pd.DataFrame(zip(halving,doubling))
```

在此匯入 Python 模組 ——pandas，以利於表格處理。此處使用 zip 指令，顧名思義，將 halving 與 doubling 連接起來，就像拉鍊（zipper）把衣服兩邊接在一起。halving、doubling 兩組數值，起初為各自獨立的串列（list），將兩者連接在一起，轉成 pandas 的 dataframe，則兩行並列儲存於表格中（如表 2-5 所示）。因為兩者並列接在一塊，所以引用表 2-5 任何對應列資料，例如取得第三列的完整資料，其中包括 halving 與 doubling 各自對應的元素（element）內容（22 與 72）。能夠引用與處理這些列資料，表示也可以刪除不要的列資料，如同將表 2-5 部分內容移除（劃掉）獲得表 2-6 的結果。

譯註 2 即一維陣列。

此刻需要移除減半行中項目內容為偶數的列。其中使用 Python 的 %（模數）運算子測試是否為偶數，即進行除法運算傳回餘數部分。若數值 x 是奇數，則 x % 2 為 1。下列程式只留下表格中減半行項目內容為奇數的表格資料列：

```
half_double = half_double.loc[half_double[0]%2 == 1,:]
```

於此使用 pandas 模組的 loc 功能挑選所需的列資料。要在 loc 後面的中括號（[]）內指定所要的列與行。在中括號內，依序指定列、行，並以逗號隔開：格式為 [row, column]。例如，想要列索引為 4、行索引為 1 的內容，則為 half_double.loc[4,1]。除了索引取值，loc 還有很多功能。在此僅針對所需的列表達一個邏輯模式：取得 halving 內容為奇數的所有列。在該邏輯式子中以 half_double[0] 表示 halving 行（原因是此行的索引值為 0），用 %2 == 1 表示奇數內容項。緊接的逗號之後加上冒號，表示需要所有行資料，這是需求每行資料的快捷式。

然後將挑選出來的加倍項目加總即可得到答案：

```
answer = sum(half_double.loc[:,1])
```

此處再次使用 loc。於中括號內以冒號快捷式指明需要所有列資料。緊接逗號之後，以行索引值 1 指明需要 doubling 行。注意：若題目改為 18 × 89 的計算（也就是將 18 擺在減半行中，89 放在加倍行裡），則計算結果雖然一樣，但範例的整個處理過程更為精簡迅速。在此建議讀者試著實作該改善作業。通常，將較小的數（被乘數）置於減半行中，將較大的數（乘數）擺在加倍行中，則 RPM 的運作較快。

對於那些熟記乘法表的人而言，看來 RPM 似乎毫無意義。不過除了它的古典魅力，還有數個值得學習的原因。其中一個原因是，即使像數值相乘這樣枯燥的事也能以多種方式完成，採取創造性方法實現。僅因某問題學到某演算法，並不表示該演算法就是該問題唯一的（最好的）演算法——保持開放心態，接納新的（可能更好的）處事方式。

RPM 也許計算速度緩慢，不過因為不必知道乘法表的大部分內容，所以事先的記憶需求較少。為了低儲存量（memory）的要求而犧牲一點速度，有時是實用的做法，在演算法設計實作的諸多情況下，速度（時間）與儲存量（空間）的平衡是重要的考量因素。

RPM，如同其他最佳演算法，也讓看似不同的想法，其彼此的關係受到關注。二進位展開式可能看起來只是好奇心驅使的產物，僅是電晶體工程師會關注的內容，而對外行人（甚至是專業程式設計師）而言，無濟於事。

然而 RPM 呈現「數值的二進位展開式」與「只知乘法表最少部分的便利乘法」兩者的深度連結。不斷學習的另一個原因是：永遠不會知道某些顯然無用的事實，某天竟然能形成某個強大演算法的基礎。

歐幾里得演算法

古希臘人對後人慷慨獻禮。其中一份大禮是理論幾何，這是偉人歐幾里得（Euclid）於其《幾何原本》（*Elements*）巨作（共 13 卷）嚴謹彙編的內容。歐幾里得的數學著作大多以定理、證明風格呈現，以簡單假定而邏輯推演命題。其中也有某些作品具有*實用性*，教導以簡便工具繪製實用的圖形（譬如：特定面積的正方形、曲線的切線）。雖然當時演算法這個字詞尚未出現，不過歐幾里得的實用方法就是演算法，其演算法背後的某些概念至今依然受用。

歐幾里得演算法（手動實作）

歐幾里得最著名的演算法常常直接稱為*歐幾里得演算法*，然而該演算法只是其多數作品之一。歐幾里得演算法是兩數之最大公因數的求法。此演算法簡明，只需要幾行 Python 程式碼即可實作完成。

先從兩個自然數（整數）開始論述：分別是 a、b。令 a 大於 b（若非如此，只需要將 a、b 的內容互換，讓 a 為較大的數）。若進行 a/b（除法），運算結果有商數（整數）與餘數（整數）。令商數為 q_1、餘數為 c，則可以列出下列式子：

$$a = q_1 \times b + c$$

例如，a = 105、b = 33，則 105/33 是 3 餘 6。注意：餘數 c 一定比 a 、b 兩者小——這就是餘數的運算。在此不管 a 而僅關注 b、c。如之前所述，b 大於 c。求 b/c 的商數與餘數。若 b/c 是 q_2 餘 d，則相關結果如下：

$$b = q_2 \times c + d$$

同樣，因為餘數的關係，所以 d 小於 b、c。觀察上述兩個式子，可整理出一個模式：依英文字母順序處理，每次將項式字母左移一個順位。從 a、b、c 開始，接著是 b、c、d。在下一步持續以此模式進行，其中 c/d 除法結果，商數為 q_3、餘數為 e。

$$c = q_3 \times d + e$$

依字母表循序進行此程序，直到餘數等於零。其中，餘數永遠小於相除的兩數，所以 c 小於 a、b，而 d 小於 b、c，以及 e 小於 c、d，依此類推。如此表示逐步進行時，處理的整數越來越小，最終一定會遇到零值。若餘數為零，就停止整個程序運作，而最後一個非零餘數即為初始兩數的最大公因數。譬如，若 e 為零，則 d 是原來兩數的最大公因數。

歐幾里得演算法（Python 實作）

以 Python 程式實作此演算法，輕而易舉，如示例 2-1 所示。

```
def gcd(x,y):
    larger = max(x,y)
    smaller = min(x,y)

    remainder = larger % smaller

    if(remainder == 0):
        return(smaller)

    if(remainder != 0):
❶       return(gcd(smaller,remainder))
```

示例 2-1：以遞迴方式實作歐幾里得演算法

在此，不需要商數 q_1、q_2、q_3……。只要餘數（以接連的字母表示）。Python 程式可輕易取得餘數：利用上一節提及的 % 運算子。其中可定義一個函數，接受兩數，將兩數相除之後取得餘數。若餘數為零，則最大公因數為兩輸入值中較小的那一個。若餘數不是零，則以兩輸入值中較小的那一個與兩者相除的餘數作為同一個函數的新輸入內容。

注意：若餘數為非零值，此函數會繼續呼叫自己❶。函數呼叫自己的動作稱為**遞迴**（*recursion*）。遞迴起初看似含糊嚇人；函數呼叫自己似乎顯得自相矛盾，譬如蛇可以吃掉自己，或者人試圖靠自助力飛行。然而莫害怕。若對遞迴不熟悉，最好的做法是從具體示例開始了解，例如想找出 105、33 兩數的最大公因數，如同電腦執行程式每個步驟。由此示例可得知，遞迴只是一種簡潔的表達方式，表達第 23 頁〈歐幾里得演算法（手動實作）〉所列的步驟。遞迴的風險是，發生無限遞迴——即函數不斷呼叫自己，無法讓函數結束運作，也就是無窮盡呼叫自己的情況，這是個問題，因為必須停止程式運算，才能獲得最終答案。在此，因為每一步進行之後所得的餘數越來越小，最終降為零，進而離開此遞迴函數，所以該遞迴可安全進行。

歐幾里得演算法簡潔實用。建議讀者運用 Python 實作出比上述示例更為簡潔的版本。

日本幻方

日本數學史格外引人入勝。歷史學家史密斯（David Eugene Smith）與三上義夫（Yoshio Mikami）在 1914 年出版的《日本數學史》（*A History of Japanese Mathematics*）表示：日本數學在歷史上具有「嘔心瀝血的天賦」與「釐清無數環節的獨創力」。一方面，數學揭露的絕對真理，不會因時代、文化而異。另一方面，不同群體往往關注的問題類型，及針對問題的獨特處理方法（此外還有符號與溝通區別），皆因顯著的文化差異而有很大的格局，儘管數學這樣質樸的領域也是如此。

洛書（Python 實作）

日本數學家鍾愛幾何，許多古代手稿針對奇異形狀（譬如橢圓內接圓、日本手扇）面積問題提出解決之道。幾個世紀以來，幻方的研究是日本數學家持續關注的領域。

*幻方*是含有不重複而連續自然數的陣列，對於所有列、行以及兩對角線，其各自總和相同。幻方的尺寸不限。表 2-9 為 3×3 幻方示例。

表 2-9：洛書

4	9	2
3	5	7
8	1	6

該方陣每列、每行及兩對角線，其各自總和皆為 15。這並非只是隨意列舉的示例——而是著名的*洛書*（*Luo Shu square*）。根據中國古代傳說，該幻方首次出現在一隻神龜的背上，此龜從河裡冒出，以神回應受苦受難的眾人乞求、奉獻。除了每列、每行、對角線各自總和皆為 15 的定義模式，還有一些額外模式。例如，方陣外圍項目數值為奇偶交錯出現，以及主對角線必須出現 4、5、6 連續數值。

這個視為神之禮的傳說，讓簡樸卻迷人的方陣乍現，頗為適合以演算法之姿進行研究。演算法往往易於驗證、使用，卻可能很難從無到有完成設計。尤其簡明的演算法，有幸能夠被我們創造出來的話，似乎具有啟發意義，彷彿不知從何處冒出來，而刻在神龜背上的神之禮。若對此說詞有所質疑，請試著從頭實作 11×11 幻方，或者嘗試發覺通用的幻方產生演算法。

據說至少在 1673 年之前，幻方的知識就從中國傳入日本，當時數學家星野實宣（Hoshino Sanenobu）在日本發表 20×20 幻方。下列的 Python 指令可以實作洛書：

```
luoshu = [[4,9,2],[3,5,7],[8,1,6]]
```

以下的函數將派上用場，針對已知的矩陣，驗證其是否為幻方。該函數將檢查所有列、所有行、對角線各自總和是否一樣：

```
def verifysquare(square):
    sums = []
    rowsums = [sum(square[i]) for i in range(0,len(square))]
    sums.append(rowsums)
    colsums = [sum([row[i] for row in square]) for i in range(0,len(square))]
    sums.append(colsums)
    maindiag = sum([square[i][i] for i in range(0,len(square))])
    sums.append([maindiag])
    antidiag = sum([square[i][len(square) - 1 - i] for i in \
range(0,len(square))])
    sums.append([antidiag])
    flattened = [j for i in sums for j in i]
    return(len(list(set(flattened))) == 1)
```

久留島演算法（Python 實作）

前面的小節安排，皆先「手動」執行文中論述的演算法，隨後才提供其程式碼實作細節內容。而對於久留島演算法（Kurushima's algorithm），將「概述程序步驟」與「介紹程式碼」兩者同時進行。變更安排的原因是該演算法的相對複雜度（complexity）較高，尤其是演算法實作所需的程式碼較多。

簡明的幻方產生演算法——**久留島演算法**，其名源自江戶時代的久留島義太（Kurushima Yoshita）。久留島演算法只適用於**奇數大小**的幻方，也就是 $n \times n$ 方陣，其中 n 必須為奇數。首先以符合洛書的規則填寫方陣的中間部分。尤其中間五格以下列運算式填寫結果，其中 n 是方陣的大小（表 2-10）。

表 2-10：久留島方陣的中間部分

	n^2	
n	$(n^2 + 1)/2$	$n^2 + 1 - n$
	1	

久留島演算法產生 $n \times n$ 幻方（n 為奇數），其程序簡述如下：

1. 依據表 2-10 的式子填寫方陣中間五格。
2. 從已知內容的任何項目開始，依三條規則（下一節描述之）擇一決定尚未有值的鄰項內容。
3. 重複進行步驟 2，直到幻方所有格子都填值。

填寫中間部分

實作幻方的程序，起初可先建立空的方形矩陣，以供後續填寫內容。例如，創建 7×7 矩陣，可以定義 `n = 7`，建置有 n 列、n 行的矩陣：

```
n = 7
square = [[float('nan') for i in range(0,n)] for j in range(0,n)]
```

目前尚不知道方陣要放什麼數值內容，所以用 `float('nan')` 填滿所有項目。nan 是 *not a number*（**非數值**）的縮寫，在將數值填入串列之前，可以使用此內容作為 Python 的 placeholder（占位子、占位符號）。若執行 `print(square)`，會看到預設填入矩陣的項目內容為 nan：

```
[[nan, nan, nan, nan, nan, nan, nan], [nan, nan, nan, nan, nan, nan, nan],
[nan, nan, nan, nan, nan, nan, nan], [nan, nan, nan, nan, nan, nan, nan],
[nan, nan, nan, nan, nan, nan, nan], [nan, nan, nan, nan, nan, nan, nan],
[nan, nan, nan, nan, nan, nan, nan]]
```

此方陣輸出不太美觀，因為這是在 Python console 中輸出的結果，所以寫個函數，以易於瀏覽的形式輸出結果：

```
def printsquare(square):
    labels = ['['+str(x)+']' for x in range(0,len(square))]
    format_row = "{:>6}" * (len(labels) + 1)
    print(format_row.format("", *labels))
    for label, row in zip(labels, square):
        print(format_row.format(label, *row))
```

因為 `printsquare()` 函數只用於美觀輸出所需，並非演算法的一部分，所以不用在意此函數的內容細節。接著用簡單的指令填寫中央五格。下列內容可以取得中間項目的索引值：

```
import math
center_i = math.floor(n/2)
center_j = math.floor(n/2)
```

中間五格依表 2-10 的運算式逐一填寫，程式碼內容如下：

```
square[center_i][center_j] = int((n**2 +1)/2)
square[center_i + 1][center_j] = 1
square[center_i - 1][center_j] = n**2
square[center_i][center_j + 1] = n**2 + 1 - n
square[center_i][center_j - 1] = n
```

明定三條規則

久留島演算法目的是按照簡單規則填寫其餘 nan 內容項目。其中明定三條簡單規則，協助填寫完所有項目，無論多大的幻方皆可完成。第一條規則如圖 2-1 所示。

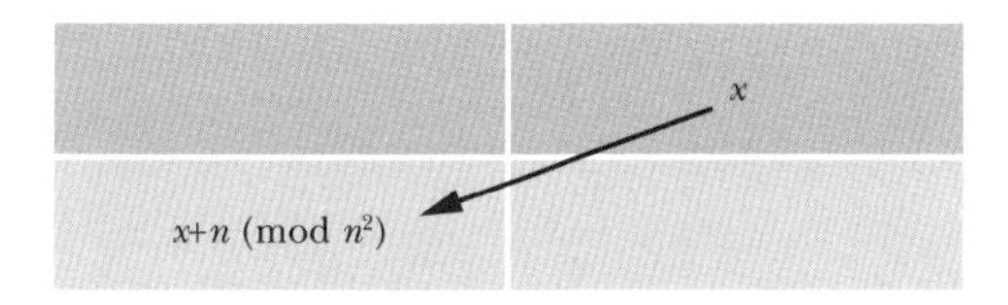

圖 2-1：久留島演算法（規則 1）

對於幻方中任何 x 而言，處理反對角的項目，可以直接將 x 加上 n，就相加值 mod n^2（mod 是模數運算）的結果填入其中（x 的左下）。當然，也能反向處理，進行逆運算：x 減去 n，就相減值 mod n^2 的結果填寫（x 的右上）。

第二條規則更簡單，如圖 2-2 所示。

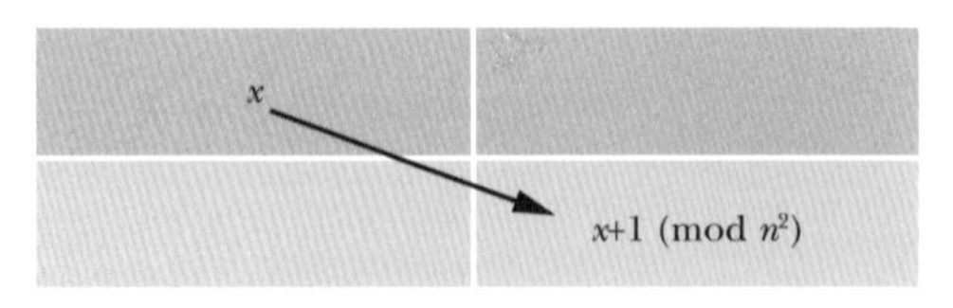

圖 2-2：久留島演算法（規則 2）

對於幻方中的任何 x 而言，將 x 加 1 後 mod n^2 的結果填入 x 的右下項目。這是簡單規則，但有個關鍵例外：當從幻方左上半部穿越右下半部時，不適用這條規則。另一種說法是，若穿越幻方**反對角線**（*antidiagonal*），即圖 2-3 所示的左下角至右上角連線，就不適用第二條規則。

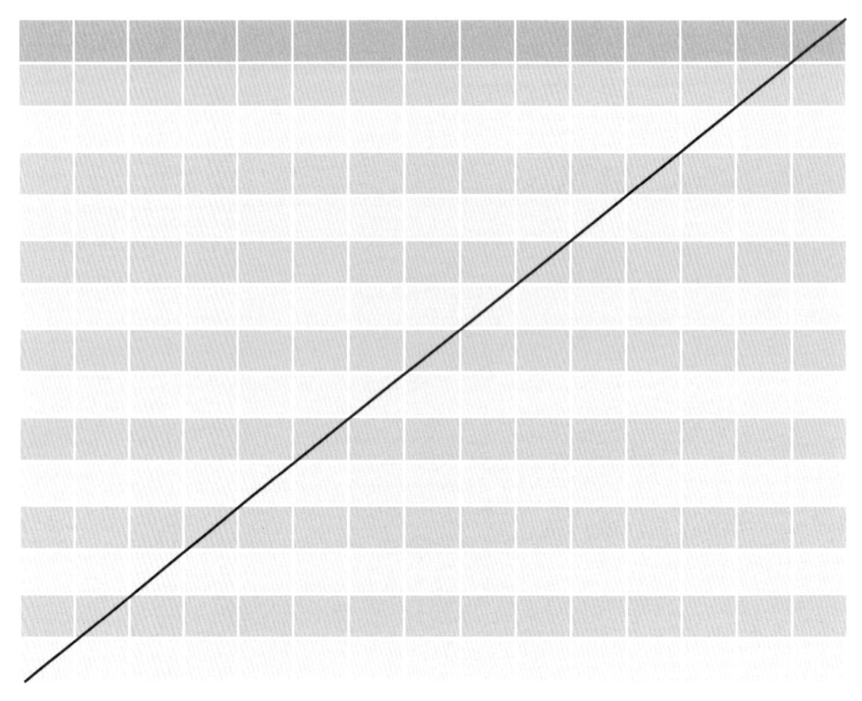

圖 2-3：方形矩陣的反對角線

觀察反對角線上的格子。反對角線完全貫穿這些格子。可以依照兩條常規處理這些格子的內容。開頭完全高於反對角線的格子以及穿越完全低於反對角線的格子，才須採用第三條規則（反之亦然）。第三條規則如圖 2-4 所示，穿越反對角線處的兩個格子，適用該圖顯示的規則。

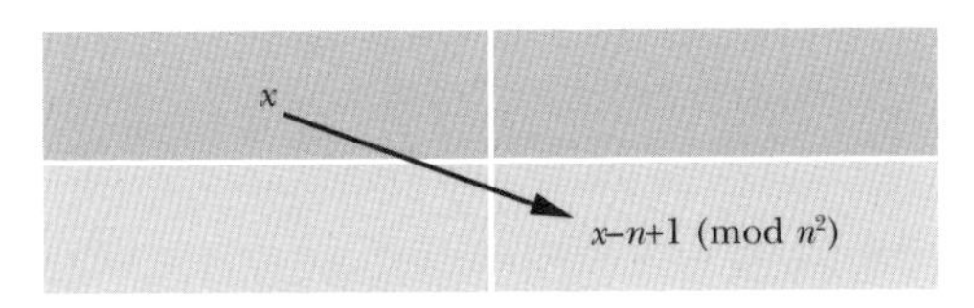

圖 2-4：久留島演算法（規則 3）

穿越反對角線的情況，使用此規則。若從右下部分穿過左上部分，則進行此規則的逆運算，其中將 x 換成 $x + n - 1 \pmod{n^2}$。

在此用 Python 簡單實作規則 1，定義下列函數，可將此函數引數（argument）傳入其中的 x、n，該函數會傳回 (x+n)%n**2 的結果：

```
def rule1(x,n):
    return((x + n)%n**2)
```

可以對洛書的中間項試用這個函數。別忘了，洛書是 3×3 方形矩陣，所以 $n = 3$。洛書的中間項是 5。其左下項目值為 8，若有正確實作 rule1() 函數，則執行下列程式的結果是 8：

```
print(rule1(5,3))
```

Python console 應該會出現數值 8。rule1() 函數似乎按預期運作。然而，可以改進這個函數，接受「反向」處理，不只是填寫已知項 x 左下項目內容，還可反過來決定右上項目內容（即除了從 5 推到 8，也能從 8 推到 5）。可新增引數傳入此函數實現所需。該新引數將傳入函數的 upright，其值為 True 或 False，表示要填寫 x 右上項目內容與否。若否，則預設填寫 x 左下項目內容：

```
def rule1(x,n,upright):
    return((x + ((-1)**upright) * n)%n**2)
```

在數學運算式中，Python 將 True 視為 1、False 視為 0。若 upright 是 False，則因為 $(-1)^0 = 1$，所以改版前後的函數傳回值一模一樣。若 upright 為 True，則是減掉 n，而非加上 n，進而反向運作。以下將檢查洛書中 1 的右上項目內容：

```
print(rule1(1,3,True))
```

應該輸出 7，此為洛書對應項的正確值。

也可以為規則 2 設計類似的函數。如同規則 1 將函數引數傳入函數的 x、n，不過規則 2 是預設填寫 x 右下項目。若要對該規則反向處理，則新加引數傳入函數的 upleft（其值設為 True）。該函數的內容如下：

```
def rule2(x,n,upleft):
    return((x + ((-1)**upleft))%n**2)
```

可以對洛書測試此函數（只有兩組項目適用，不會落入例外規則）。針對例外情況，可撰寫下列函數：

```
def rule3(x,n,upleft):
    return((x + ((-1)**upleft * (-n + 1)))%n**2)
```

只有穿越幻方反對角線的格子組，才須按照該規則進行。稍後將說明如何判斷是否穿越反對角線。

此刻知道如何填寫中央五格，依中間格子的內容，利用一個規則，能夠填寫其餘格子。

填寫方陣其餘內容

填寫方陣其餘內容的方法是隨機「移動」，利用已知項填寫未知項。下列程式可得知中間項的索引值：

```
center_i = math.floor(n/2)
center_j = math.floor(n/2)
```

接著隨機選往某方向「移動」：

```
import random
entry_i = center_i
entry_j = center_j
```

```
where_we_can_go = ['up_left','up_right','down_left','down_right']
where_to_go = random.choice(where_we_can_go)
```

在此使用 Python 的 random.choice() 函數，可隨機選取串列內容。從指定的集合（where_we_can_go）選取某個項目，此為隨機選擇（或者盡可能接近隨機情況）。

決定往某方向移動之後，可以執行與移動方向符合的規則。若選 down_left 或 up_right，就執行規則 1，選擇對應的引數與索引：

```
if(where_to_go == 'up_right'):
    new_entry_i = entry_i - 1
    new_entry_j = entry_j + 1
    square[new_entry_i][new_entry_j] = rule1(square[entry_i][entry_j],n,True)

if(where_to_go == 'down_left'):
    new_entry_i = entry_i + 1
    new_entry_j = entry_j - 1
    square[new_entry_i][new_entry_j] = rule1(square[entry_i][entry_j],n,False)
```

同樣，若選 up_left 或 down_right，則適用規則 2：

```
if(where_to_go == 'up_left'):
    new_entry_i = entry_i - 1
    new_entry_j = entry_j - 1
    square[new_entry_i][new_entry_j] = rule2(square[entry_i][entry_j],n,True)

if(where_to_go == 'down_right'):
    new_entry_i = entry_i + 1
    new_entry_j = entry_j + 1
    square[new_entry_i][new_entry_j] = rule2(square[entry_i][entry_j],n,False)
```

此程式碼針對左上或右下移動方向，判斷未穿越反對角線的情況，才會按照規則 2 進行。而在穿越反對角線的情況下，必須執行規則 3。有個簡單方式可得知是否為反對角線鄰近項目：反對角線正上方項目的索引值總和為 n-2，反對角線正下方項目的索引值總和為 n。針對這些例外情況下，要實行規則 3：

```
if(where_to_go == 'up_left' and (entry_i + entry_j) == (n)):
    new_entry_i = entry_i - 1
    new_entry_j = entry_j - 1
```

```
    square[new_entry_i][new_entry_j] = rule3(square[entry_i][entry_j],n,True)


if(where_to_go == 'down_right' and (entry_i + entry_j) == (n-2)):
    new_entry_i = entry_i + 1
    new_entry_j = entry_j + 1
    square[new_entry_i][new_entry_j] = rule3(square[entry_i][entry_j],n,False)
```

注意：此幻方有界限，比如從最上面一列往上移動、從最左邊一行往左移動，皆不可行。依目前的位置列出可移動之處，增加一些簡單邏輯，確保僅在允許範圍內移動：

```
where_we_can_go = []

if(entry_i < (n - 1) and entry_j < (n - 1)):
    where_we_can_go.append('down_right')

if(entry_i < (n - 1) and entry_j > 0):
    where_we_can_go.append('down_left')

if(entry_i > 0 and entry_j < (n - 1)):
    where_we_can_go.append('up_right')

if(entry_i > 0 and entry_j > 0):
    where_we_can_go.append('up_left')
```

到此已備好 Python 實作久留島演算法的所有要素。

整合實作

將前述的實作內容整合到單一函數中，針對內含 nan 項目的初始方陣到處走訪，使用三條規則填寫對應的項目內容。示例 2-2 為此函數的所有內容。

```
import random
def fillsquare(square,entry_i,entry_j,howfull):
     while(sum(math.isnan(i) for row in square for i in row) > howfull):
        where_we_can_go = []

        if(entry_i < (n - 1) and entry_j < (n - 1)):
            where_we_can_go.append('down_right')
        if(entry_i < (n - 1) and entry_j > 0):
```

```
        where_we_can_go.append('down_left')
    if(entry_i > 0 and entry_j < (n - 1)):
        where_we_can_go.append('up_right')
    if(entry_i > 0 and entry_j > 0):
        where_we_can_go.append('up_left')

    where_to_go = random.choice(where_we_can_go)
    if(where_to_go == 'up_right'):
        new_entry_i = entry_i - 1
        new_entry_j = entry_j + 1
        square[new_entry_i][new_entry_j] = rule1(square[entry_i][entry_j],n,True)

    if(where_to_go == 'down_left'):
        new_entry_i = entry_i + 1
        new_entry_j = entry_j - 1
        square[new_entry_i][new_entry_j] = rule1(square[entry_i][entry_j],n,False)

    if(where_to_go == 'up_left' and (entry_i + entry_j) != (n)):
        new_entry_i = entry_i - 1
        new_entry_j = entry_j - 1
        square[new_entry_i][new_entry_j] = rule2(square[entry_i][entry_j],n,True)

    if(where_to_go == 'down_right' and (entry_i + entry_j) != (n-2)):
        new_entry_i = entry_i + 1
        new_entry_j = entry_j + 1
        square[new_entry_i][new_entry_j] = rule2(square[entry_i][entry_j],n,False)

    if(where_to_go == 'up_left' and (entry_i + entry_j) == (n)):
        new_entry_i = entry_i - 1
        new_entry_j = entry_j - 1
        square[new_entry_i][new_entry_j] = rule3(square[entry_i][entry_j],n,True)

    if(where_to_go == 'down_right' and (entry_i + entry_j) == (n-2)):
        new_entry_i = entry_i + 1
        new_entry_j = entry_j + 1
        square[new_entry_i][new_entry_j] = rule3(square[entry_i][entry_j],n,False)

❶   entry_i = new_entry_i
    entry_j = new_entry_j

return(square)
```

示例 2-2：久留島演算法實作函數

此函數需傳入四個引數：第一個是內有 nan 項目的初始方陣；第二、三個是起始處理項目的索引；第四個是要填寫的項目數（以可容許的 nan 項目個數間接表達此一引數）。該函數有個 while 迴圈，在每次疊代作業中，就三條規則擇一執行，產生一個數值填入某個項目內。此迴圈反覆進行，到接近函數第四個引數所指定的 nan 項目個數為止。處理完一個項目之後，變更項目索引值❶，繼續「移動」到下一個項目，重複運作。

有了此函數之後，接著就是要以正確的方式呼叫函數。

使用正確的引數

先從填寫幻方的中間項開始。在此，傳入 howfull 的引數值為 (n**2)/2-4。看到後續的結果之後，就能明白引用此 howfull 值的原因：

```
entry_i = math.floor(n/2)
entry_j = math.floor(n/2)

square = fillsquare(square,entry_i,entry_j,(n**2)/2 - 4)
```

在此呼叫 fillsquare() 函數，使用先前定義的現存 square 變數。別忘了，此方陣的定義，除中間五個元素之外，其餘皆為 nan 項目。以此 square 作為 fillsquare() 函數執行時的輸入引數，該函數運作之後，將對多數 nan 項目填寫對應內容。將處理過的方陣結果印出來，就可以知道後來的內容：

```
printsquare(square)
```

結果如下：

```
        [0]   [1]   [2]   [3]   [4]   [5]   [6]
  [0]    22   nan    16   nan    10   nan     4
  [1]   nan    23   nan    17   nan    11   nan
  [2]    30   nan    24    49    18   nan    12
  [3]   nan    31     7    25    43    19   nan
  [4]    38   nan    32     1    26   nan    20
  [5]   nan    39   nan    33   nan    27   nan
  [6]    46   nan    40   nan    34   nan    28
```

好比跳棋棋盤一般交錯排列的 nan 項目。原因是，以對角線移動的規則，走訪的項目數約為項目總數的一半，其中取決於走訪的起始項目。規則行動與跳棋雷同：從深色方塊開始的棋子可以對角線移動到其他深色方塊，但其對角線移動模式永遠不允許移動到任何淺色方塊。若從中央項開始，則無法走訪到目前這些 nan 項目。傳給 howfull 的引數設為 (n**2)/2 - 4 而不是零的原因是，這個函數只被呼叫一次，並無法完全把矩陣內容填滿。但是，若從中間項的一個鄰項重新開始執行函數，就能走訪此「跳棋棋盤」的其餘 nan 項目。對此再次呼叫 fillsquare() 函數，這次從不同的項目開始走訪，另外將第四個引數指定為零，表示要把方陣完全填滿：

```
entry_i = math.floor(n/2) + 1
entry_j = math.floor(n/2)

square = fillsquare(square,entry_i,entry_j,0)
```

此時印出方陣內容，其所有項目皆有填數值：

```
>>> printsquare(square)
        [0]   [1]   [2]   [3]   [4]   [5]   [6]
  [0]    22    47    16    41    10    35     4
  [1]     5    23    48    17    42    11    29
  [2]    30     6    24     0    18    36    12
  [3]    13    31     7    25    43    19    37
  [4]    38    14    32     1    26    44    20
  [5]    21    39     8    33     2    27    45
  [6]    46    15    40     9    34     3    28
```

在此需要做最後的變更。因為 % 運算子的規則，所以這個方陣內含 0 ～ 48 的連續整數，不過久留島演算法是用 1 ～ 49 的整數填寫方陣內容。所以加一行程式碼，將方陣內的 0 值換成 49：

```
square=[[n**2 if x == 0 else x for x in row] for row in square]
```

此時方陣內容填寫完成。接著使用稍早設計的 verifysquare() 函數，驗證此方陣是否為幻方：

```
verifysquare(square)
```

結果應該傳回 True，表示確實是幻方。

方才依照久留島演算法建立 7×7 幻方。接著試驗這個程式，確認是否能夠創建更大的幻方。若將 n 改為 11（或其他奇數值），而可以執行完全相同程式碼，建立指定尺寸的幻方：

```
n = 11
square=[[float('nan') for i in range(0,n)] for j in range(0,n)]


center_i = math.floor(n/2)
center_j = math.floor(n/2)

square[center_i][center_j] = int((n**2 + 1)/2)
square[center_i + 1][center_j] = 1
square[center_i - 1][center_j] = n**2
square[center_i][center_j + 1] = n**2 + 1 - n
square[center_i][center_j - 1] = n


entry_i = center_i
entry_j = center_j

square = fillsquare(square,entry_i,entry_j,(n**2)/2 - 4)

entry_i = math.floor(n/2) + 1
entry_j = math.floor(n/2)

square = fillsquare(square,entry_i,entry_j,0)

square = [[n**2 if x == 0 else x for x in row] for row in square]
```

上述 11×11 方陣的內容如下：

```
>>> printsquare(square)
        [0]   [1]   [2]   [3]   [4]   [5]   [6]   [7]   [8]   [9]  [10]
 [0]     56   117    46   107    36    97    26    87    16    77     6
 [1]      7    57   118    47   108    37    98    27    88    17    67
 [2]     68     8    58   119    48   109    38    99    28    78    18
 [3]     19    69     9    59   120    49   110    39    89    29    79
 [4]     80    20    70    10    60   121    50   100    40    90    30
 [5]     31    81    21    71    11    61   111    51   101    41    91
 [6]     92    32    82    22    72     1    62   112    52   102    42
 [7]     43    93    33    83    12    73     2    63   113    53   103
 [8]    104    44    94    23    84    13    74     3    64   114    54
 [9]     55   105    34    95    24    85    14    75     4    65   115
[10]    116    45   106    35    96    25    86    15    76     5    66
```

在此手動驗證或使用 verifysquare() 函數驗證，上述方陣的確是幻方。可以指定任意的奇數 n 做相同的事，會得到令人讚嘆的結果。

幻方無多大的實用意義，但無論如何，觀察其模式並不失樂趣。若有興趣，不妨花點時間思考下列的問題：

- 大型的幻方是否按照洛書外圍的奇偶交錯排列模式？每個幻方都會呈現出這種模式嗎？若是如此，呈現出此種模式的原因為何？
- 針對本章論述的幻方，是否還有發現文中尚未提及的模式？
- 對於久留島方陣，能否找到另一組建置規則？譬如，是否有規則允許在方陣中上下移動填值（而非以對角線方向行進）？
- 是否有其他類型的幻方滿足幻方定義，卻完全沒有依循久留島規則？
- 針對久留島演算法是否有效率更高的程式碼實作？

數個世紀以來，幻方始終吸引日本許多優秀數學家的關注，其在世界各地文化中占有重要地位。幸好有這些優秀數學家過往累積而成的演算法，如今才能夠以功能強大的電腦實作，輕易產生幻方、分析其中內容。同時，這些數學家的耐力與洞察力實在令人敬佩，僅用紙筆及其機智（以及偶然出現的神龜）引導自己研究幻方。

本章總結

本章討論歷史上的一些演算法，年代從數個世紀到數千年不等。若讀者對古代演算法感興趣的話，可以找更多的內容研究。這些演算法如今可能沒有太大的實用價值，但值得研究——首要原因是體會歷史感，其次是有助於大開眼界，為自己所創的演算法提供創作靈感。

下一章論述的演算法將執行實用的數學函數相關工作：最大化與最小化作業。在討論古代與近代演算法之後，目前應該對於何謂演算法及其如何運作較為知悉，該準備鑽研當今頂尖軟體所應用的重要演算法。

3

最大化與最小化

童話故事的金髮姑娘（**Goldilocks**）偏好中庸之道，然而演算法領域，通常會關注極高、極低的內容。一些強大演算法能取得最大限度（如：最多收入、最大利潤、最高效率、最大生產率）、最小限度（如、最少成本、最小誤差、最低損失、最小不適性）。

本章為能夠求出函數最大值、最小值，探討兩個簡單而有效率的方法：梯度上升（gradient ascent）、梯度下降（gradient descent）。還要討論最大化（maximization）、最小化（minimization）問題所衍生的議題及其因應之道。最後說明如何得知特定演算法是否適用於特定情況。本章將以假設情境開場——試圖設定最佳稅率，讓政府取得最多稅收——示範如何使用演算法找到正確解決方案。

稅率設定

設想自己是小國的選任閣揆。雖有雄心勃勃的目標，但不認為有足夠預算予以實現。因此，上任後第一項工作就是將政府稅收最大化。

應該選擇多少稅率以獲得最多稅收，答案並不明確。若稅率為 0%，則稅收一毛都沒有。倘若定在 100%，則納稅人將會避免生產活動，盡力尋求避稅天堂，以致稅收接近於零。稅收最佳化需要在「高到阻礙生產活動的稅率」與「低到收不到一毛錢的稅率」兩者之間找到適當平衡。欲達到這種平衡，需要更為了解稅率稅收關係。

正確方向的步伐

假設與自己的經濟團隊討論這個問題。他們明白問題論點之後，回到研究辦公室，指望頂尖經濟學家所用的研究工具——主要是試管、輪上奔跑的倉鼠、星盤、探測棒——找出稅率稅收的精確關係。

經過一段時間之後，該團隊表示，已經找到稅率與稅收相關聯的函數，也很友善的以 Python 函數呈現。此函數的內容可能像這樣：

```
import math
def revenue(tax):
    return(100 * (math.log(tax+1) - (tax - 0.2)**2 + 0.04))
```

此 Python 函數要將引數傳入 tax 中，函數會把某個輸出數值傳回。該函數（稅率稅收關係函數）本身（內容）儲存於 revenue 變數中（即此函數名稱）。啟動 Python console，輸入下列的內容，以產生函數所呈現的簡單曲線圖。正如第 1 章所示，使用 matplotlib 模組的繪圖功能。

```
import matplotlib.pyplot as plt
xs = [x/1000 for x in range(1001)]
ys = [revenue(x) for x in xs]
plt.plot(xs,ys)
plt.title('Tax Rates and Revenue')
plt.xlabel('Tax Rate')
plt.ylabel('Revenue')
plt.show()
```

此圖顯示 0 到 1 之間每一稅率的（經濟團隊）預期稅收（以小國貨幣十億元為單位）（其中 1 表示稅率為 100%）。若目前對各種所得一律徵收 70% 的稅，可在曲線圖上描繪對應點，就此需要加兩行程式碼：

```
import matplotlib.pyplot as plt
xs = [x/1000 for x in range(1001)]
ys = [revenue(x) for x in xs]
plt.plot(xs,ys)
current_rate = 0.7
plt.plot(current_rate,revenue(current_rate),'ro')
plt.title('Tax Rates and Revenue')
plt.xlabel('Tax Rate')
plt.ylabel('Revenue')
plt.show()
```

最終輸出結果為圖 3-1 所示的簡單圖形。

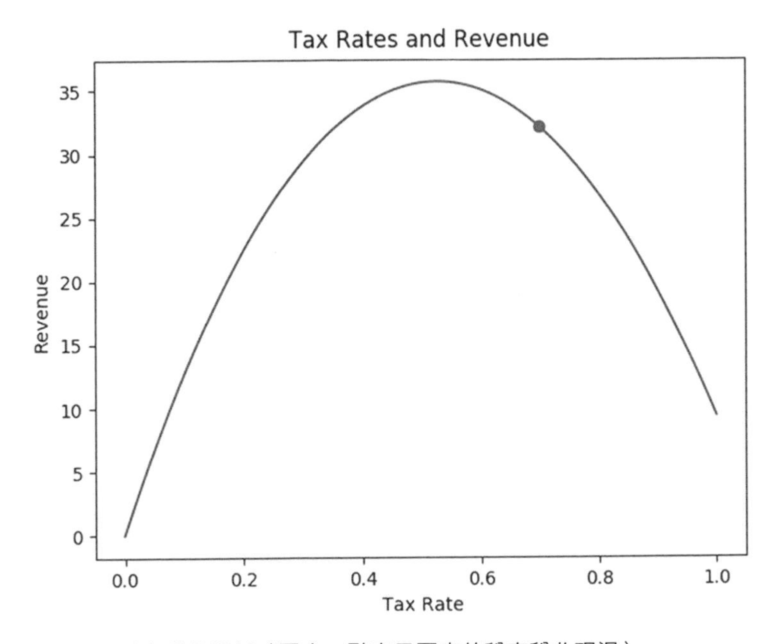

圖 3-1：稅率稅收關係（圖中一點表示國家的稅率稅收現況）

根據經濟學家的公式，目前採用的稅率並沒有讓政府稅收最大化。簡單目視檢測此圖，目前稅收與最大稅收的水準大致相當，但是這樣不精確的近似值很難令人滿意，期望對最佳稅率有更精確的估計。從曲線圖可以明顯看出，將稅率從目前的 70% 往上提高，應該會讓稅收減少，而從目前的 70% 往下降一些應該能增加稅收，因此在這種情況下，需要調降整體稅率才能讓稅收最大化。

可以針對經濟學家稅收公式取其導數（derivative），以數學形式驗證上述的真實性。**導數**是切線的斜率量值，大值表示陡峭，負值表示下降運動。圖 3-2 為導數的圖示：此為函數消長起伏速度的衡量方式。

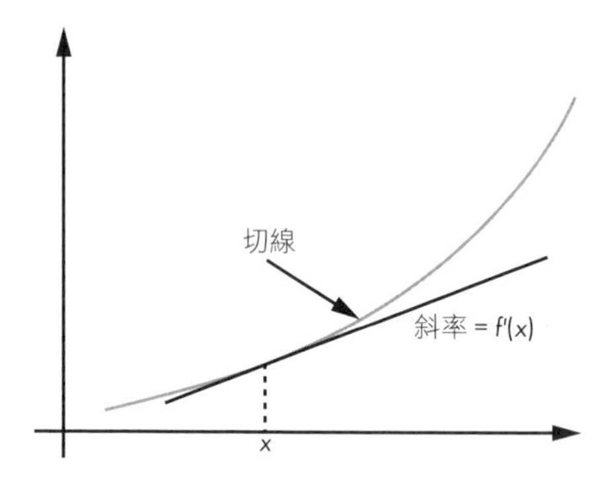

圖 3-2：導數計算（即求出曲線上某點的切線斜率）

以下使用 Python 函數計算導數：

```
def revenue_derivative(tax):
    return(100 * (1/(tax + 1) - 2 * (tax - 0.2)))
```

在此使用微積分四個法則導出上述的函數。第一個法則是 $log(x)$ 的導數是 $1/x$。因此 $log(tax + 1)$ 的導數是 $1/(tax + 1)$。另一個法則是 x^2 的導數是 $2x$。所以 $(tax - 0.2)^2$ 的導數是 $2(tax - 0.2)$。另外兩個法則分別是：常數的導數必定為 0、$100f(x)$ 的導數是 $f(x)$ 導數的 100 倍。若將上述法則結合，則稅收函數 $100(log(tax + 1) - (tax - 0.2)^2 + 0.04)$ 的導數計算式子如下（即上述 Python 函數的內容）：

$$100((\frac{1}{tax+1}) - 2(tax - 0.2))$$

在此顯示國家目前稅率所在之處的導數為負值：

```
print(revenue_derivative(0.7))
```

輸出結果為 -41.17647。

負值導數表示稅率提高將導致稅收減少。同理，稅率降低也會導致稅收增加。雖然尚未確定對應到曲線最大值（最多稅收）的精確稅率為何，但至少可以確定，稍微往降稅的方向前進一小步，稅收應該會增加。

要朝向稅收最大化的步伐邁進，首先要指定步長（step size）。用 Python 變數儲存精細的小步長：

```
step_size = 0.001
```

接著，以新稅率朝最大稅收的方向前進一步，新稅率和目前稅率兩者差距與步長成比例：

```
current_rate = current_rate + step_size * revenue_derivative(current_rate)
```

到目前為止的程序是，從目前的稅率開始，朝著最大稅收邁進一步，步長與之前所選的 step_size 成比例，移動方向是以稅收函數在當前稅率的導數決定。

進行此步驟之後，驗證結果是，current_rate 新值為 0.6588235（新稅率約為 66%），此新稅率對應的稅收為 33.55896。雖然已經朝著增加稅收前進一步，但是目前的處境與以前根本雷同：尚未達到最大稅收，不過至少知道函數的導數，以及明白朝著目標邁進的大致方向。因此，絕對需要再往前一步，使用新稅率如同以往進行。再度設定：

```
current_rate = current_rate + step_size * revenue_derivative(current_rate)
```

二度執行之後，current_rate 新值為 0.6273425，新稅率對應的稅收為 34.43267。此刻朝著正確方向又邁進一步。但是，依然未達最大稅收進度，不得不再往前一步接近極值。

將步驟變成演算法

此刻模式浮現。可以反覆執行下列步驟：

1. 從 current_rate、step_size 的設定開始。
2. 針對試圖得到最大結果的函數，計算該函數在 current_rate 的導數。
3. 將目前稅率（current_rate）加上 step_size * revenue_derivative(current_rate)，作為新的 current_rate。
4. 重複執行步驟 2、步驟 3。

在此唯一缺少的內容是何時該停止程序運作的規則——在達到最大值之際觸發的規則。實際上，很可能是逐漸接近最大值：越來越接近，不過微觀而言（精確來說）總是保持距離。因此，可能永遠達不到最大值，不過得以足夠接近，精確近似達小數點後 3、4 或 20 位數。當稅率的變量到達非常小之際，就是足夠接近此漸近線（asymptote）的時候。可以在 Python 中指定停止閾值（threshold）：

```
threshold = 0.0001
```

預期的計劃是在程序每次疊代作業中，若稅率變量小於該閾值，則停止整個程序運作，步行程序可能永遠不會收斂到要求的最大值，因此設置迴圈，會陷入無限迴圈的窘境。為了防範此一可能情況，要指定「最大疊代作業」次數，若行進的步數到達此最大值，則直接離開、停止運作。

此時，可將上述所有步驟整合（示例 3-1）。

```
threshold = 0.0001
maximum_iterations = 100000

keep_going = True
iterations = 0
while(keep_going):
    rate_change = step_size * revenue_derivative(current_rate)
    current_rate = current_rate + rate_change

    if(abs(rate_change) < threshold):
```

```
        keep_going = False

    if(iterations >= maximum_iterations):
        keep_going = False

    iterations = iterations+1
```

示例 3-1：梯度上升實作

執行上述程式碼之後，稅收最大化的稅率約為 0.528。示例 3-1 的作業稱為**梯度上升**。顧名思義，其用於上升到最大值，以梯度決定移動方向。（就目前的二維案例而言，梯度即是導數）。此時可以完整列出目前範例執行的步驟，其中包括停止作業準則描述：

1. 從 current_rate、step_size 的設定開始。
2. 針對試圖得到最大結果的函數，計算該函數在 current_rate 的導數。
3. 將目前稅率（current_rate）加上 step_size * revenue_derivative(current_rate)，作為新的 current_rate。
4. 重複執行步驟 2 與步驟 3，直到符合下列情況：就相當接近最大稅收而言，每邁進一步的目前稅率變動量小於某極小閾值時；或者達到足夠多次疊代作業時。

只用四個步驟即可簡單寫出梯度上升程序。雖然看似普通，概念簡單，不過梯度上升是一種演算法，就如同前面章節中描述的演算法。然而，與前述大多數演算法不同之處是，梯度上升是當今通用的演算法，在專業人員日常運用的機器學習（machine learning）進階方法中，其位處關鍵部分。

梯度上升「異議」

方才進行梯度上升程序，以讓假想政府稅收最大化。許多學習者對梯度上升若無道德反駁也會有實用異議。以下是人們對梯度上升提出的一些爭議：

- 可以目視檢測找出最大值，所以不需要。
- 可以反覆猜測，執行猜測暨檢驗策略找出最大值，所以不需要。
- 可以解一階條件（first-order condition）求出最大值，所以不需要。

接著逐一斟酌這些反對意見。之前有討論目視檢測。針對稅率稅收曲線，透過目視檢測大致知道最大值所在（輕而易舉）。但是，圖形目視檢測的精確度（precision）並不高。重點是，示例的曲線非常簡單：二維圖形，其中關注的範圍顯然只有一個最大值。倘若設想更複雜的函數，就能明白目視檢測對於找出函數最大值而言，並不令人滿意。

以多維度情況為例。若經濟團隊的結論是，稅收不僅取決於所得稅率，還跟關稅率相關，則曲線必須以三個維度繪製，倘若這是複雜的函數，就很難看出最大值所在。如果經濟學家提出一個函數，可將10、20、100個預測因素與預期稅收相關聯，那麼鑒於人類身體、眼睛、頭腦的局限程度，不可能同時繪製出整個圖形。無法繪製關係曲線，怎麼能夠以目視檢測找到最大值。目視檢測適用於簡單小範例，譬如稅率稅收曲線，但不適合高度複雜的多維度問題。除此之外，曲線繪製還需要計算每個關注點的函數值，因此所花費的時間總是高於編寫明確的演算法。

梯度上升似乎讓議題變得更複雜，而猜測暨檢驗策略足以找到最大值。猜測暨檢驗策略：猜測可能的最大值之後，檢驗其是否高於之前猜測的所有可能極值，直到有信心表示找到最大值。對此議題可能的回應是：猜測暨檢驗策略，如同目視檢測，具有高度複雜的多維函數，實務上可能難以成功。不過最佳的回應是，猜測暨檢驗找最大值的想法，正是梯度上升**在做的事**。梯度上升算是一種猜測暨檢驗策略，不過是依梯度方向移動猜測（而非隨意猜測）所「引導」。梯度上升算是猜測暨檢驗策略的高效率版本。

接著就解一階條件找最大值的想法而論。這是微積分課程中會教授的方法。堪稱是一種演算法，其步驟如下：

1. 針對要最大化的函數，求其導函數。

2. 令導函數結果為零。

3. 求此導函數為零時的點（函數的自變數）。

4. 確定此點對應該函數值為最大值（而非最小值）。

（在多個維度中，可以針對梯度——而非導數——執行類似程序。）就目前而言，此最佳化演算法並無不妥，但是導函數等於零時（步驟 2）可能難以（甚至無法）找到閉合解（closed-form solution 或稱作解析解），比起直接執行梯度上升來說，此演算法也可能較不容易找到解。除此之外，也可能需要大量的運算資源，其中包括時間、空間、處理能力，而且並非所有軟體都有符號（symbolic）代數計算功能。就此來說，梯度上升比上述演算法更為牢靠。

區域極值問題

試圖找出最大值、最小值的演算法都面臨非常重大的潛在問題——區域極值（區域的最大值、最小值）。雖然可以徹底執行梯度上升，但要意識到，此處的高峰只是「區域」（local 或稱作局部）高峰，其高於周圍每一點，但不高於某個遙遠的全域（global 或稱作全部）最大值。現實生活中也可能發生類似情況：你試著登上某山頂，此山頂高於緊鄰的周圍環境，但你將會發現，自己實際僅在山腳小丘上，真正的山頂是遙遠的更高處。矛盾的是，可能必須再往下走一些，最終才能到達更高的山頂，因此梯度上升執行「單純」（naive）策略，總是走到比鄰近點稍微高一點的位置，沒有到達全域最大值。

教育與終身收入

區域極值是梯度上升中非常重要的問題。例如，以最佳教育程度的抉擇，試圖讓終身收入最大化。在此依下列公式，假設終身收入與教育年數相關：

```
import math
def income(edu_yrs):
    return(math.sin((edu_yrs - 10.6) * (2 * math.pi/4)) + (edu_yrs - 11)/2)
```

其中 edu_yrs 變數，表示個人接受教育的年數，income 是個人終身收入量值。就此可以繪製如下的曲線，內容有一點表示接受 12.5 年正規教育的個人——即高中畢業（12 年正規教育）後，修讀學士學位課程半年之人：

```
import matplotlib.pyplot as plt
xs = [11 + x/100 for x in list(range(901))]
ys = [income(x) for x in xs]
plt.plot(xs,ys)
current_edu = 12.5
plt.plot(current_edu,income(current_edu),'ro')
plt.title('Education and Income')
plt.xlabel('Years of Education')
plt.ylabel('Lifetime Income')
plt.show()
```

結果如圖 3-3 的圖形。

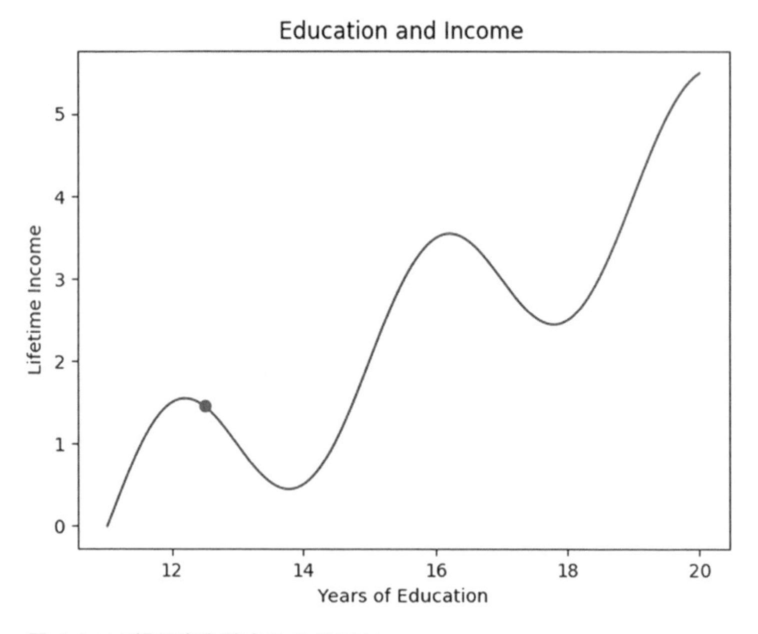

圖 3-3：正規教育與終身收入的關係

此圖以及用於描繪該圖的收入函數並非基於實證研究，而作為純假設性示例，僅供章節說明之用。其中顯示教育與收入的直覺關係。對於高中沒有畢業（接受正規教育不到 12 年）的人來說，終身收入可能不高。高中畢業——受教育 12 年——是重要里程碑，相較輟學的人而言有較高的收入。換句話說，這是一個最大值，不過重點是，只能稱作區域最大值[譯註]。接受超過 12 年的教育有其助益，但只超過一點點年數的幫助不大。僅接受幾個月大學教育的人與高中畢業的人，兩者能找到的工作，差異不大，然而，多花幾個月上學，錯過這些月份的工作賺錢機會，因而終身收入，實際上會比高中畢業後直接就業（持續工作）的人低。

只有接受數年大學教育，獲得所需技能，進而讓終身收入比高中畢業的人高（已顧及大學受教期間所失去的潛在收入之後的結果）。而大學畢業（教育年數 16 年）的收入處於另一高峰，高於高中畢業的區域高峰。再表達一次，這只是另一區域高峰。獲得學士學位後再多受一點教育，這與高中畢業後再稍微受點教育的情況相同：並不會立即獲得足夠的技能彌補求學時間沒有賺到的收入。最終情況將反轉，研究所畢業之後，達到另一個高峰。後續難以再進一步推測，但這種過分簡化的教育收入觀，足以達到本章節論述的目的。

依正確方向攀登教育山丘

對於假想的個人而言，圖形描繪在受教年數 12.5 年之處，可以完全按照之前描述的概要進行梯度上升。示例 3-2 包含示例 3-1 所列的梯度上升程式碼，不過在此內容有稍作變更。

```
def income_derivative(edu_yrs):
    return(math.cos((edu_yrs - 10.6) * (2 * math.pi/4)) + 1/2)

threshold = 0.0001
maximum_iterations = 100000

current_education = 12.5
step_size = 0.001

keep_going = True
```

譯註 以全域而言，此值稱為極大值。

```
iterations = 0
while(keep_going):
    education_change = step_size * income_derivative(current_education)
    current_education = current_education + education_change
    if(abs(education_change) < threshold):
        keep_going = False
    if(iterations >= maximum_iterations):
        keep_going=False
    iterations = iterations + 1
```

示例 3-2：梯度上升實作（這次要攀登個人收入山丘，而非政府稅收山丘）

示例 3-2 的程式碼進行的梯度上升演算法，與之前稅收最大化的程序實作完全相同。唯一的區別是針對的曲線不同。稅率稅收曲線有全域最大值，也是唯一的區域最大值。相較之下，教育收入曲線較為複雜：其中有全域最大值，也有數個區域最大值（區域高峰），這些極大值皆低於該全域最大值。在此需要指定教育收入曲線的導函數（示例 3-2 的第一行），以及使用不同的初始值（即：教育年數 12.5 年，而非稅率 70%），變數名稱也不同（即：current_education，而不是 current_rate）。不過這些都是表面差異；基本上，都是進行相同的程序：沿梯度方向以小步伐往最大值邁進，直到達到適當停止點。

此梯度上升程序的結果是：得出此人已過度受教育的結論，實際上 12 年左右是收入最大化的教育年數。如果單純而過於信任梯度上升演算法，那麼可能建議大學新生輟學，立即就業，以在此區域最大值之處讓收入最大化。這是過往某些大學生得到的結論，理由是他們看到自己的高中畢業朋友賺的錢比自己多，而他們卻努力走向不確定的未來。顯然，這是不對的結論：梯度上升程序找到區域山頂，但不是全域最高。此梯度上升程序具有令人沮喪的區域侷限：只能就目前小山往上爬，卻不能臨時往下坡走，以便最終往另一座具有較高山頭的山丘邁進。現實生活中也有一些類似的情況，譬如沒有完成大學學位的人，理由是繼續求學會妨礙他們的近期收入。他們不認為：設法穿過區域最低處（全域極小值）爬到另一座山丘（下一個學位——更有價值的學位），將對他們的長期收入有所幫助。

區域極值（local extrema）是重要問題，並沒有一勞永逸的解決良方。解決此問題的方法之一是嘗試多次初始猜測值，為每次猜測值進行梯度上升。例如，分別對 12.5、15.5、18.5 等教育年數進行梯度上升，每次都會獲得不同結果，在此可以比較這些結果，確認「源自教育年數最大化的全域最大值（最多收入）」這項事實（至少以此年數範疇而論）。

此為處理區域極值問題的合理方式，不過為了得知正確的最大值，因而執行多次的梯度上升，可能耗費過長的時間，況且即使嘗試數百次的作業，也無法絕對保證得到正確解答。實際上有較為妥善的方式可避免此一議題，即：將一定程度的隨機性（randomness）引入過程中，如此一來，有時會落入區域較差解的情況，不過就長期而論，這樣的方式可以獲得較佳的最大結果。有個梯度上升進階版，稱作**隨機梯度上升**（*stochastic gradient ascent*），基於此原由而結合隨機性；其他像模擬退火（simulated annealing）演算法，亦是如此為之。第 6 章將探討模擬退火與進階最佳化相關議題。目前只要記得：雖然梯度上升能力強大，不過始終面臨區域極值問題的難處。

從最大化到最小化

到目前為止，我們一直在尋求收入最大化：往山上爬。合理質疑是否有需要下山，進行下降作業，將某項目（如成本、誤差）最小化。你可能認為，最小化需要一套全新技術，或者就現有技術需要顛倒翻轉、反向執行。

事實上，從最大化作業轉到最小化作業，輕而易舉。可以「翻轉」（flip）函數達成目的，或者更精確而言，即取其負值。回到稅率稅收曲線範例來說，簡單定義新的翻轉函數：

```
def revenue_flipped(tax):
    return(0 - revenue(tax))
```

然後繪製如下的翻轉曲線：

```
import matplotlib.pyplot as plt
xs = [x/1000 for x in range(1001)]
ys = [revenue_flipped(x) for x in xs]
plt.plot(xs,ys)
plt.title('The Tax/Revenue Curve - Flipped')
plt.xlabel('Current Tax Rate')
plt.ylabel('Revenue - Flipped')
plt.show()
```

圖 3-4 呈現該翻轉曲線。

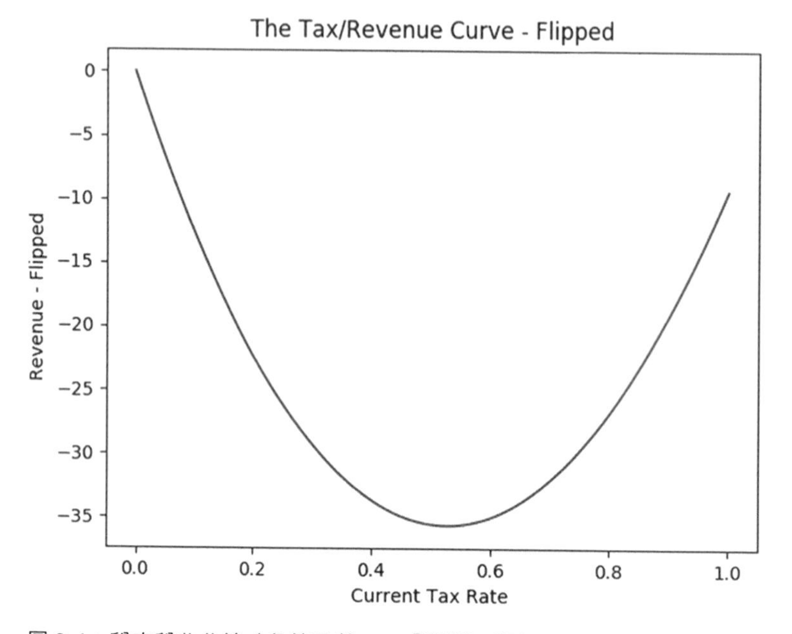

圖 3-4：稅率稅收曲線（負值函數——「翻轉」版）

因此，若要最大化稅率稅收曲線，有個選項是對稅率稅收翻轉曲線執行最小化作業。如果要最小化稅率稅收翻轉曲線，其中一個選項是最大化此翻轉曲線的翻轉版本——即原稅率稅收曲線。最小化問題就是其翻轉函數的最大化問題，而最大化問題就是其翻轉函數的最小化問題。能做一個，就能做另一個（翻轉後的）。可以只學函數最大化作業，而函數最小化的動作就不用學，有最小化需求，只要做其翻轉函數最大化，就能得到正確答案。

「翻轉」並非唯一解法。最小化的實際程序與最大化程序非常相似：將梯度上升改用**梯度下降**取代。唯一的差異是每步的移動方向；在梯度下降作業中，方向是向下而不是往上。別忘了，要找到稅率稅收曲線的最大值，則沿著梯度方向移動。最小化作業是沿梯度相反方向移動。因此可以更改梯度上升的程式碼，如示例 3-3 所示。

```
threshold = 0.0001
maximum_iterations = 10000

def revenue_derivative_flipped(tax):
    return(0-revenue_derivative(tax))

current_rate = 0.7

keep_going = True
iterations = 0
while(keep_going):
    rate_change = step_size * revenue_derivative_flipped(current_rate)
    current_rate = current_rate - rate_change
    if(abs(rate_change) < threshold):
        keep_going = False
    if(iterations >= maximum_iterations):
        keep_going = False
    iterations = iterations + 1
```

示例 3-3：梯度下降實作

在此，一切幾乎照舊，差別在變更 current_rate 內容時，將 + 改為 -。藉由這個些微更動，即可將梯度上升程式轉成梯度下降程式。意義上，兩者本質相同；皆使用梯度決定方向，朝該方向往明確目標移動。事實上，如今最常見的慣例是梯度下降的論述，而補充描述梯度上升乃是梯度下降稍變版，與本章的論述順序剛好顛倒。

「登山法」普通版

被選任為閣揆並非常有，設定稅率以得最多的政府稅收，甚至對閣揆來說也不是日常活動。（針對本章開頭論述的稅率稅收真實版本，建議查詢「Laffer 曲線」。）然而，最大化（最小化）某事物是極其普遍的概念。譬如企業試圖以價格的決定將利潤最大化。製造商嘗試以實務作業的選擇而讓效率最大化、缺陷最小化。工程師設法以設計功能的抉擇使得效能最大化、麻煩（或成本）最小化。國民經濟主要圍繞最大化、最小化問題而建：特別是效用最大化，另外像是 GDP、財政收入這類金額量值的最大化、估計誤差最小化。機器學習與統計學的多數方法主要基於最小化作業；「損失函數」（loss function）或誤差指標最小化。這些內容，都有可能使用登山解法（如：梯度上升、梯度下降）獲得最佳解。

甚至在日常生活中，也會以金錢花費多寡的決定而讓財務目標的實現最大化。致力求得最多的幸福、快樂、愛與和平，而讓痛苦、不適、悲傷最少。

舉一個生動寫實的例子，想像你在吃到飽餐廳中，跟所有人一樣，設法吃到正確量，以獲得最大滿足。如果吃得太少，餓著肚子離開，你可能會覺得只吃一點點食物就要支付吃到飽全額，實在沒有相當價值。若吃得太多，會感到不舒服（生病），甚至違反自我規範的飲食節制。有個甜蜜點，像稅率稅收曲線的高峰，那就是吃到飽餐廳消費全額時對應獲得最大滿足的恰當食量。

人類能夠感覺來自胃部感官輸入，詮釋表達飢餓或飽足，這如同曲線梯度的物理當量（physical equivalent）。若肚子很餓，則採取預定大小的進食「步伐」（譬如一口大小），朝達到滿足的甜蜜點邁進。若吃太飽，就停止進食；不可能「退回」已經吃過的食物。若步長夠小，則可以確定不會超過甜蜜點太多。決定在吃到飽餐廳吃多少食物的進程是一種疊代程序，其中涉及再三的方向確認、可調方向的小步伐——換句話說，基本上與本章討論的梯度上升演算法雷同。

吃到飽餐廳例子，就如同接球的範例，從中可得知，像梯度上升這樣的演算法，對人類生活、決策而言，是很自然的過程。即使對於從未上過數學課、沒有寫過程式的人來說，這些演算法都是再自然不過了。本章的工具只是以形式化方式精確描述人們已具有的直覺。

何時不要使用演算法

學得演算法往往讓我們有充滿能力的感覺。其中的感受是，若我們曾經處於需要最大化（最小化）的情況下，應該立即選用梯度上升（下降），默默地相信找出來的任何結果。然而，有時比知道某個演算法更重要的事情是：何時不要使用該演算法，該演算法何時不適合當前工作，何時可以試著用更好的演算法替代。

何時應該使用梯度上升（下降），何時不該使用呢？若有正確的起始要素，梯度上升能夠妥善運作：

- 要最大化的數學函數
- 目前所處位置的認知
- 函數最大化的明確目標
- 變更所處位置的能力

在許多情況下，會缺少其中一項（或多項）要素。以設定稅率例子來說，其中使用假設函數，將稅率與稅收相關聯。然而，此種關係為何、函數形式為何，經濟學家彼此沒有達成共識。因此，我們可以隨心所欲執行梯度上升（下降），不過在所有人對需要最大化的函數達成共識之前，無法相信目前找到的結果。

可能出現梯度上升不是很有用的時候，原因是無法針對當下情況予以最佳化。例如，假設針對某個式子的推導，將個人身高及其快樂感相關聯。也許這個函數表示過高之人的受苦程度（起因是他們在飛機上感到不適），以及過矮之人的受苦程度（起因是無法在籃球賽中有出色表現），而過高與過矮兩者中間的身高甜蜜點往往能夠取得最大快樂感。即使可以徹底表達這個函數，應用梯度上升找出最大值，因為身高並非自己所能掌控，所以也毫無用處。

若甚為縮小觀點，其中可能擁有梯度上升（或任何其他演算法）所需的所有要素，因為更深奧哲學理由而依然想要避免使用該演算法。例如，假設你可以精確決定稅率稅收函數，而且剛好也選任為閣揆，完全控制國家稅率。在應用梯度上升登上稅收最大化的高峰之前，可能需要問問自己，稅收最大化是否為首要追求的正確目標。你可能更關心國民自由、經濟活力、分配正義，甚至是民調，而不是國家收入。即使已經決定要實現稅收最大化，但短期內（即今年）的稅收最大化是否能造成長期稅收最大化，結果並不清楚。

演算法對於實際用途來說能力強大，俾能實現目標，譬如接球、找出稅收最大化的稅率。雖然演算法能夠實現目標，但是並不適合富有哲學的工作（用於決定哪些目標值得列為追求首要）。演算法能夠讓人變得機靈，但無法讓人生得智慧。重點是，演算法用錯地方，其巨大威力有害無益。

本章總結

本章介紹簡單而強大的演算法——梯度上升與梯度下降，兩者分別用於找出函數的最大值與最小值。其中還談到區域極值的重大潛在問題，以及何時該使用演算法、何時要巧妙避免使用的相關論述（一些哲學考量）。

下一章將討論各種搜尋（searching）、排序（sorting）演算法，請上緊發條。搜尋與排序是演算法領域中重要的基本項目。其中還要討論「Big-O」符號以及演算法效能的評估標準。

4

排序與搜尋

各種程式幾乎都用到一些主力演算法。有時這些演算法是非常基本的，讓人以為是理所當然的內容，甚至沒有意識到程式實作是以這些演算法為依歸。

排序、搜尋的數個方法屬於這樣的基本演算法。因為這些演算法經常受演算法熱衷者（程式設計面試狂熱分子）喜愛與採用，所以值得一探究竟。這些演算法的實作可以簡單扼要，因為這些演算法非常普遍，所以電腦科學家致力提出以驚人速度排序、搜尋的方法。因此，本章也要討論演算法速度，以及用於比較演算法效率的特殊符號。

首先介紹插入排序（insertion sort）——簡單直觀的排序演算法。其中討論插入排序的速度和效率，以及衡量演算法效率的一般做法。接著探討合併排序（merge sort）——在目前排序技術中，屬於較快速的演算法。另外要探討休眠排序（sleep sort）——奇怪的排序演算法，其實用價值不高，但因罕見而受關注。最後將討論二元搜尋（binary search），列舉一些值得關注的搜尋應用，其中包括數學反函數。

插入排序

設想要對檔案櫃內所有檔案排序。每個檔案都有各自的編號，需要重新排列這些檔案，讓編號最低的檔案放在櫃子的最前面，編號最高的檔案擺在最後面，其餘檔案以自己所屬編號依序排在前述兩檔案之間。

無論採用什麼方法進行檔案櫃排序，皆可以將其稱為「排序演算法」。但是，即使你有想過以 Python 實作與此相關的演算法，也請先暫停寫程式，花點時間研究現實生活中該如何整理這樣一個檔案櫃。這似乎是一項平凡工作，但請讓你內在的探險家富有創意地探究各種可能情況。

本節要介紹非常簡單的排序演算法——**插入排序**。此方法一次查看串列中一個項目，將其插入新串列中（此串列的內容已處於正確排序狀態）。其中演算法程式分為兩個部分，插入部分：將檔案插入串列的普通工作；排序部分：反覆執行插入工作，直到完成排序工作。

插入排序的插入工作

首先，以插入工作本身而論。設想有個檔案櫃，其內檔案已經完全排序。若有人送來新的檔案，而要求將其插入檔案櫃中正確（排序）位置，要如何做到呢？該工作看起來如此簡單，乃至於不須加以解釋、甚至不足掛齒（**做就對了！**——讀者可能這樣認為）。但在演算法領域，每項工作（無論多麼不起眼的工作）都必須完整解釋。

將某個檔案插入排序過的檔案櫃中，其合理的演算法描述如下。將待插入的檔案稱為「待插入檔」。就此可以比較兩個檔案，並稱一個檔案「高於」另一個檔案，如此表示此檔案的編號（數值號碼）高於另一個檔案的編號（數值號碼），也可能以字母或其他有序的標示而言，表示其順序較高。

1. 選擇檔案櫃中最高檔案。（從櫃內最後面開始進行，直到前面。）
2. 將所選檔案與待插入檔相比。
3. 若所選檔案低於待插入檔，將待插入檔放在該檔案後面一位。

4. 若所選檔案高於待插入檔，則轉而選擇檔案櫃中的次高檔。
5. 重複執行步驟 2 ～ 4，到完成該檔案（待插入檔）插入，或其與每個現有檔案（所選檔案）相比完畢為止。若其與每個現有檔案比較之後尚未完成插入工作，則將其放在檔案櫃開頭位置。

上述方法或多或少應該符合「如何將檔案插入已排序串列」的直覺描述。當然也能從串列開頭（而非從串列結尾）開始作業，然後按照類似的程序獲得相同的結果。請注意，我們不只是插入檔案；還將檔案插入**正確位置**，所以插入作業完成後，串列依然呈現已排序狀態。此刻我們可以用 Python script 實作此插入演算法。首先定義排序過的檔案櫃。在此的檔案櫃是個 Python 串列，其中檔案僅以數值號碼表示。

```
cabinet = [1,2,3,3,4,6,8,12]
```

定義需要插入櫃子的「檔案」（也是以數值號碼表示）。

```
to_insert = 5
```

逐一處理串列中的每筆編號（表示檔案櫃中每個檔案）。程式將定義 check_location 變數。顧名思義，此變數儲存待檢查的檔案櫃內位置。此例從櫃子的最後面開始檢查：

```
check_location = len(cabinet) - 1
```

另外定義 insert_location 變數。這個演算法的目標是找出 insert_location 的正確值，而在 insert_location 位置插入檔案並不難。首先假定 insert_location 為 0：

```
insert_location = 0
```

對此使用簡單的 if 陳述式，檢查待插入檔是否高於 check_location 所在的檔案。一旦遇到的編號低於待插入編號時，就依此位置決定待插入的編號應該放入的位置。因為插入的位置正好是此較低編號的後面位置，所以將檢查位置加 1：

```
if to_insert > cabinet[check_location]:
    insert_location = check_location + 1
```

知道正確的 insert_location 之後，使用內建的 Python 方法 insert 執行串列內容變更，將檔案放入櫃子中：

```
cabinet.insert(insert_location,to_insert)
```

然而上述程式碼還不足以正確將檔案插入。尚需要將這些步驟放入連貫插入作業的函數中。該函數整合上述所有程式碼，另外增加 while 迴圈。此 while 迴圈用於疊代遍歷檔案櫃內檔案，從最後一個檔案開始處理，到找出正確的 insert_location，或檢查過檔案櫃內每個檔為止。檔案櫃插入作業的完整程式碼如示例 4-1 所示。

```
def insert_cabinet(cabinet,to_insert):
  check_location = len(cabinet) - 1
  insert_location = 0
  while(check_location >= 0):
    if to_insert > cabinet[check_location]:
        insert_location = check_location + 1
        check_location = - 1
    check_location = check_location - 1
  cabinet.insert(insert_location,to_insert)
  return(cabinet)

cabinet = [1,2,3,3,4,6,8,12]
newcabinet = insert_cabinet(cabinet,5)
print(newcabinet)
```

示例 4-1：將編號檔案插入檔案櫃

執行示例 4-1 的程式，將印出 newcabinet 內容，可以看到編號 5 這個新「檔案」已插入櫃子的正確位置（4 與 6 之間）。

值得思考插入作業的邊緣情況：空串列插入作業。上述插入演算法提到「逐一處理檔案櫃中每個檔案」，若檔案櫃中沒有檔案，則無須逐一處理。在這種情況下，只需要依照演算法最後一句描述，將新檔案插入檔案櫃的開頭位置。當然，因為空櫃子的開頭也是其中間或結尾，所以對此而言，做比說容易。因此，對此需要做的只是將檔案插入檔案櫃中（不需要在意位置）。使用 Python 的 insert() 函數將檔案插入位置 0。

透過插入做排序

目前已嚴謹定義插入作業，知道如何執行此作業，幾乎到了可以執行插入排序的地步。插入排序很簡單：逐一取出未排序串列的每個元素，使用上述的插入演算法將其正確插入已排序的新串列中。就檔案櫃例子而言，起初有個未排序的檔案櫃——「舊櫃」以及一個空櫃——「新櫃」。將未排序的舊櫃第一個元素移除，使用插入演算法，將此元素加入新的空櫃中。以同樣方式處理舊櫃的第二個元素、第三個元素，依此類推，直到把舊櫃每個元素都插入新櫃中。就此忽略舊櫃，只利用已排序的新櫃。因為一直使用插入演算法進行插入作業，始終會得到已排序的新串列，所以程序終了，新櫃將呈現已排序的狀態。

Python 程式起初是一個未排序的櫃子以及一個空的 newcabinet：

```
cabinet = [8,4,6,1,2,5,3,7]
newcabinet = []
```

反覆呼叫示例 4-1 的 insert_cabinet() 函數實作插入排序。呼叫這個函數時，「手邊」需要準備一個檔案，在此可從未排序的櫃子拿出一個檔案因應：

```
to_insert = cabinet.pop(0)
newcabinet = insert_cabinet(newcabinet, to_insert)
```

上述程式片段中，使用 pop() 方法。該方法刪除串列中特定索引的元素。在此刪除 cabinet 中索引值為 0 的元素。使用 pop() 之後，cabinet 不再保留該元素，所以用變數 to_insert 儲存此元素內容，以便後續可以將此內容放入 newcabinet 中。

將上述所有程式內容放在示例 4-2，其中定義 insertion_sort() 函數，以迴圈取出未排序櫃子的所有元素，將這些元素逐一插入 newcabinet 中。最後將已排序的櫃子 —— sortedcabinet 的結果印出來。

```
cabinet = [8,4,6,1,2,5,3,7]
def insertion_sort(cabinet):
  newcabinet = []
  while len(cabinet) > 0:
    to_insert = cabinet.pop(0)
    newcabinet = insert_cabinet(newcabinet, to_insert)
  return(newcabinet)

sortedcabinet = insertion_sort(cabinet)
print(sortedcabinet)
```

示例 4-2：插入排序實作

此刻可以進行插入排序，排序任何需求串列。就此我們可能以為，如此表示自己已學到所需的一切排序知識。然而排序是相當基本與重要的作業，因此期望能夠以最佳的方式完成。在討論插入排序的替代方案之前，先來討論「某個演算法優於另一個演算法」的含意為何，而以相當基本的層面而言，好的演算法意味著什麼。

演算法效率衡量

插入排序是好的演算法嗎？這個問題很難回答，除非能確定所謂的「好」是什麼意思。插入排序有效用 —— 排序串列 —— 所以針對其完成目的的意義而言，它是好的。另一個優勢是，以眾人熟悉的物理作業角度而言，此演算法易於理解與詮釋。還有引以為傲的是，它不需要太多程式碼即可表達。到目前為止，插入排序似乎是不錯的演算法。

然而，插入排序有個關鍵弱點：處理時間長。示例 4-2 的程式幾乎可以確定電腦的執行時間不到一秒，因此插入排序處理所需的「長時間」，並非指的是小種子成為紅杉巨木所需的時間，或是在監理站排隊等待的時間。比較像是蚊子振翅一次所需的時間長度。

為了蚊子振翅這樣的「長時間」而苦惱，似乎有點吹毛求疵。不過有數個不錯的理由，值得將演算法的執行時間盡可能往「接近零秒」推進。

為何追求效率？

致力追求演算法效率的原因之一是可以加強原始能力。若效率低的演算法排序串列內八個項目需要一分鐘，這似乎不成問題。然而若以此演算法排序串列中千個項目要一小時，而排序百萬項目一星期。對十億個項目排序可能需要一年或一世紀的時間（甚至根本無法完成排序）。若演算法能夠更快排序串列中八個項目（最多只能節省一分鐘，這似乎微不足道），進而能夠在一小時內排序十億個項目，而不用花一個世紀之久，一小時與一世紀兩者就有明顯的區別。像 k-means 分群（k-means clustering）、k-NN 監督式學習（k-NN supervised learning）這類機器學習進階方法，需要利用有序長串列，而像排序這類基本演算法效能的改善，得以針對不易掌握的巨量資料集執行這些進階方法。

若某些作業需要進行多次，則短串列排序的速度也很重要。例如，全球搜尋引擎每數個月累計接到一兆筆搜尋，將搜尋結果交給使用者之前，必須針對每組結果從關聯性最高到最低依序排序。若能將簡單排序所需的時間從一秒縮短到半秒，則所需的總處理時間將從一兆秒縮短到五千億秒。如此可以節省用戶的時間（總體而言，五億人平均各自節省一千秒！），降低資料處理成本，甚至就降低能源消耗而言，效率高的演算法也有環保概念。

總之，建構快速演算法的原因是人們想要在目標追求中設法做得更好。儘管沒有明顯必要，人們還是試圖以更快速度跑 100 公尺、棋下得更好、做出更美味的披薩（與以往的任何人相較而言）。做這些事情的理由與馬洛里（George Mallory）表示自己想攀登聖母峰的原因一樣：「因為山就在那裡」（because it's there）。突破可能的界限，致力做得比別人更好、更快、更強、更明智，這乃人類的天性。演算法研究人員正試圖做得更好，除其他原因之外，他們希望做些了不起的事情（不論其是否實用）。

精確衡量執行時間

既然演算法的執行時間如此重要，應該有比「插入排序需要『長時間』、『少於一秒的時間』」更為精確的衡量方式。到底要花多長時間？針對字面答案而言，可以使用 Python 的 timeit 模組。以 timeit 建立計時器，計時區間起於「排序程式執行之前」、止於「排序程式執行之後」。計算開始時間與結束時間兩者差異，可得到執行此程式所需的時間。

```
from timeit import default_timer as timer

start = timer()
cabinet = [8,4,6,1,2,5,3,7]
sortedcabinet = insertion_sort(cabinet)
end = timer()
print(end - start)
```

用筆者的消費型筆電執行上述的插入排序程式，大約需要 0.0017 秒的執行時間。這是一種合理的表達方式，描述插入排序有多好——針對內有 8 個項目的串列，以 0.0017 秒完成排序。若要將插入排序與其他排序演算法相比，可以比較兩者的 timeit 計時結果，得知哪個演算法比較快（進而可說較快的演算法比較好）。

然而，以計時方式比較演算法的效能，存在某些問題。例如，用筆者的筆電第二次執行計時程式時，其結果為 0.0008 秒。而用另外一台電腦執行同樣的程式花了 0.03 秒。計時的結果取決於硬體的運算速度與架構、作業系統（OS）目前的工作負載、目前安裝的 Python 版本、OS 的內部工作排程器、排序程式的效率、其他不可預期的因素（隨機事件、電子運動、月球相位等等）。每次計時作業都會得到相當不一樣的結果，因此難以憑藉計時結果表達演算法的效率比較。某程式設計師可能會誇耀其排序串列只需要 *Y* 秒，而另一為程式設計師則笑著說，自己的演算法以 *Z* 秒的執行時間達到更佳的效能。其中兩人的程式碼完全一樣，只是在不同時間用不同硬體執行同一個程式，所以兩者比較的項目不是演算法效率，而是硬體的速度與自身的運氣。

計算步數

衡量演算法效能，較可靠的方式是計算演算法執行所需的步（驟）數（而非計時秒數）。演算法進行的步數是演算法本身的特徵，與硬體架構無關（甚至與程式語言無必然關係）。示例 4-3 源於示例 4-1、4-2 的插入排序程式，其中就原本的程式碼內容，另外加入數行特定的 stepcounter+=1 程式碼。每次從舊櫃取出待插入的新檔、每次將該檔與新櫃中另一個檔案相比、每次將檔案插入新櫃，此計步器（step counter）皆須加計一步。

```
def insert_cabinet(cabinet,to_insert):
  check_location = len(cabinet) - 1
  insert_location = 0
  global stepcounter
  while(check_location >= 0):
    stepcounter += 1
    if to_insert > cabinet[check_location]:
        insert_location = check_location + 1
        check_location = - 1
    check_location = check_location - 1
  stepcounter += 1
  cabinet.insert(insert_location,to_insert)
  return(cabinet)

def insertion_sort(cabinet):
  newcabinet = []
  global stepcounter
  while len(cabinet) > 0:
    stepcounter += 1
    to_insert = cabinet.pop(0)
    newcabinet = insert_cabinet(newcabinet,to_insert)
  return(newcabinet)

cabinet = [8,4,6,1,2,5,3,7]
stepcounter = 0
sortedcabinet = insertion_sort(cabinet)
print(stepcounter)
```

示例 4-3：插入排序實作（計步器附加版）

此時執行上述程式，對於長度為 8 的串列而言，完成插入排序要執行 36 步。我們可以嘗試為不同長度的串列執行插入排序，看看各個串列所需的步數為何。

為此撰寫一個函數，可以取得執行插入排序所需的步數（能夠針對不同長度的未排序串列計數）。我們可以使用 Python 的簡單「串列綜合運算」（list comprehension），隨機產生各種長度的串列（而非手動編寫每個未排序的串列）。在此匯入 Python 的 random 模組，讓串列的隨機建置更為容易。以下將建立長度為 10 的未排序串列（串列內容隨機產生）：

```
import random
size_of_cabinet = 10
cabinet = [int(1000 * random.random()) for i in range(size_of_cabinet)]
```

此函數將簡單產生某個特定長度的串列，執行插入排序程式，傳回 stepcounter 相應結果。

```
def check_steps(size_of_cabinet):
  cabinet = [int(1000 * random.random()) for i in range(size_of_cabinet)]
  global stepcounter
  stepcounter = 0
  sortedcabinet = insertion_sort(cabinet)
  return(stepcounter)
```

以下建立內含 1 ～ 99 所有數值的串列，針對每個長度（1 ～ 99）的串列，取得所需的排序步數。

```
random.seed(5040)
xs = list(range(1,100))
ys = [check_steps(x) for x in xs]
print(ys)
```

上述程式首先呼叫 random.seed() 函數。通常不需要這一行程式碼，不過讀者若執行相同的程式，此行程式碼將確保看到相同的結果（即在此所印出的內容）。接著定義一組 *x* 值（儲存在 xs 中）以及一組 *y* 值（儲存在 ys 中）。其中 *x* 是 1 ～ 99 的數值，*y* 是對串列排序所需步數（這些串列的內容是隨機產生的，每個串列的長度則依每個 *x* 值而定）。程式輸出結果呈現的是，隨機產生的各個串列（其長度為 1、2、3……，最終到 99），進行插入排序所需的步數。以下將描繪串列長度與排序步數的關係，我們將匯入 matplotlib.pyplot 協助繪圖。

```
import matplotlib.pyplot as plt
plt.plot(xs,ys)
plt.title('Steps Required for Insertion Sort for Random Cabinets')
plt.xlabel('Number of Files in Random Cabinet')
plt.ylabel('Steps Required to Sort Cabinet by Insertion Sort')
plt.show()
```

圖 4-1 為輸出結果，其中顯示輸出曲線呈少量鋸齒狀——對於排序步數來說，有時長串列低於短串列。原因是每個串列的內容皆為隨機產生。隨機串列產生程式偶爾建立的串列內容，使得插入排序作業可輕易快速進行（有部分內容已呈排序狀態），有時建立的串列內容難以快速進行排序，完全取決於隨機情況。基於同樣的原因，若不使用相同的亂數種子（random seed 或稱作隨機種子），讀者自行實驗的輸出圖形與此處輸出的內容並非全然一樣，不過大致的形狀應該是差不多。

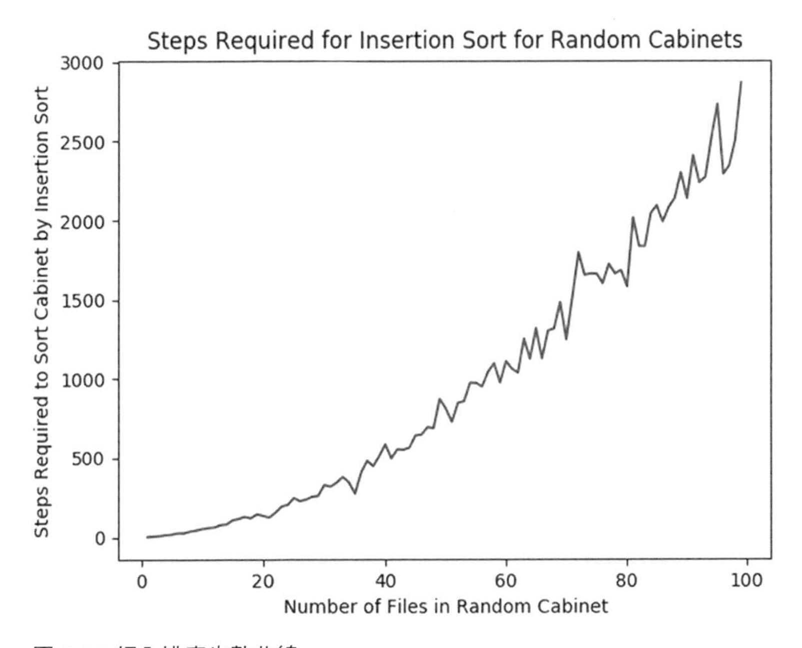

圖 4-1：插入排序步數曲線

與熟知的函數相比

撇開圖 4-1 鋸齒表面的變化，仔細查看曲線大致形狀，嘗試推斷步數成長率。介於 $x = 1$ 與（大約）$x = 10$ 之間所需步數呈相當緩慢的增加。此後，成長程度似乎逐漸轉為陡峭（較大的鋸齒幅度）。約莫在 $x = 90$ 與 $x = 100$ 之間，成長程度確實顯得非常陡峭。

若言：此圖隨著串列長度遞增而逐漸變為陡峭，依然不算精確的表述。有時，將這種加速增長俗稱為「指數」（exponential）成長。此處涉及指數成長嗎？嚴格來說，有個函數稱為**指數函數**，此函數以 e^x 定義，其中 e 是尤拉數（Euler's number 或稱作歐拉數、自然底數），其值約為 2.71828。那麼，插入排序所需的步數是否符合此指數函數（可謂符合指數成長的最狹義定義）？對此可以同時描繪步數曲線與指數成長曲線（如下所示）以獲得解答線索。以下另外匯入 numpy 模組，以便取得步數的最大值、最小值。

```
import math
import numpy as np
random.seed(5040)
xs = list(range(1,100))
ys = [check_steps(x) for x in xs]
ys_exp = [math.exp(x) for x in xs]
plt.plot(xs,ys)
axes = plt.gca()
axes.set_ylim([np.min(ys),np.max(ys) + 140])
plt.plot(xs,ys_exp)
plt.title('Comparing Insertion Sort to the Exponential Function')
plt.xlabel('Number of Files in Random Cabinet')
plt.ylabel('Steps Required to Sort Cabinet')
plt.show()
```

如同以往，定義 xs，內含 1 ～ 99 所有數值，ys 是排序隨機產生的串列所需步數（每個串列長度則依 xs 內每個 x 值而定）。在此另外定義 ys_exp 變數，其是 xs 內每個 x 對應的 e^x。隨後將 ys、ys_exp 繪製在同一張圖上。結果呈現「串列排序所需步數的成長」與「實際指數成長」兩者的關係。

執行上述的程式以建立如圖 4-2 所示的圖形。

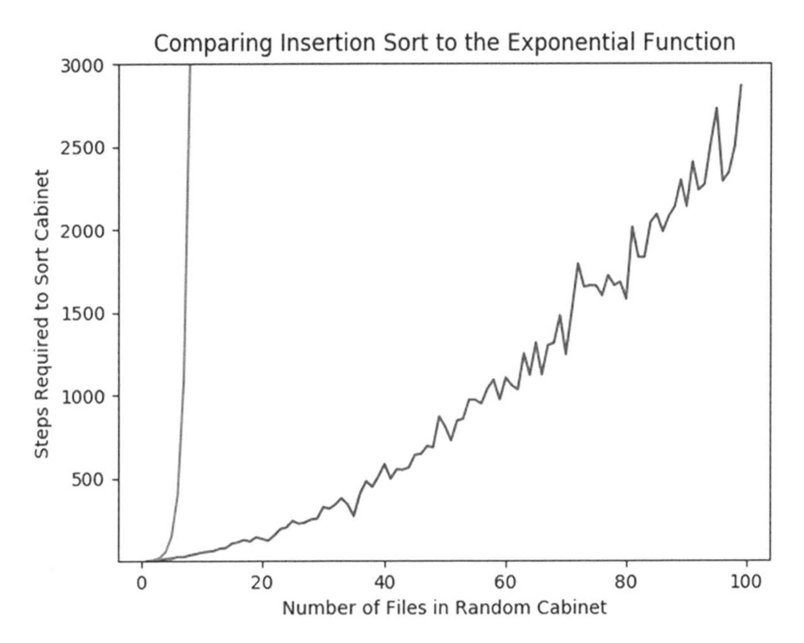

圖 4-2：「插入排序步數曲線」與「指數函數曲線」相比

於此可以看到圖中左邊的實際指數成長曲線以無限大之姿急速攀升。雖然插入排序步數曲線呈加速成長，不過其加速程度似乎沒有接近符合實際指數成長。若繪製其他曲線，而其成長率也堪稱指數等級（譬如：2^x、10^x），則這類曲線的成長速度也快很多（相較插入排序步數曲線而言）。倘若插入排序步數曲線與指數成長不匹配，則它可能符合什麼樣的成長？試圖在同一張圖描繪更多函數，以利解決疑問。就此，沿著插入排序步數曲線，描繪 $y = x$、$y = x^{1.5}$、$y = x^2$、$y = x^3$。

```
random.seed(5040)
xs = list(range(1,100))
ys = [check_steps(x) for x in xs]
xs_exp = [math.exp(x) for x in xs]
xs_squared = [x**2 for x in xs]
xs_threehalves = [x**1.5 for x in xs]
xs_cubed = [x**3 for x in xs]
plt.plot(xs,ys)
axes = plt.gca()
axes.set_ylim([np.min(ys),np.max(ys) + 140])
plt.plot(xs,xs_exp)
plt.plot(xs,xs)
plt.plot(xs,xs_squared)
```

```
plt.plot(xs,xs_cubed)
plt.plot(xs,xs_threehalves)
plt.title('Comparing Insertion Sort to Other Growth Rates')
plt.xlabel('Number of Files in Random Cabinet')
plt.ylabel('Steps Required to Sort Cabinet')
plt.show()
```

上述描繪結果如圖 4-3 所示。

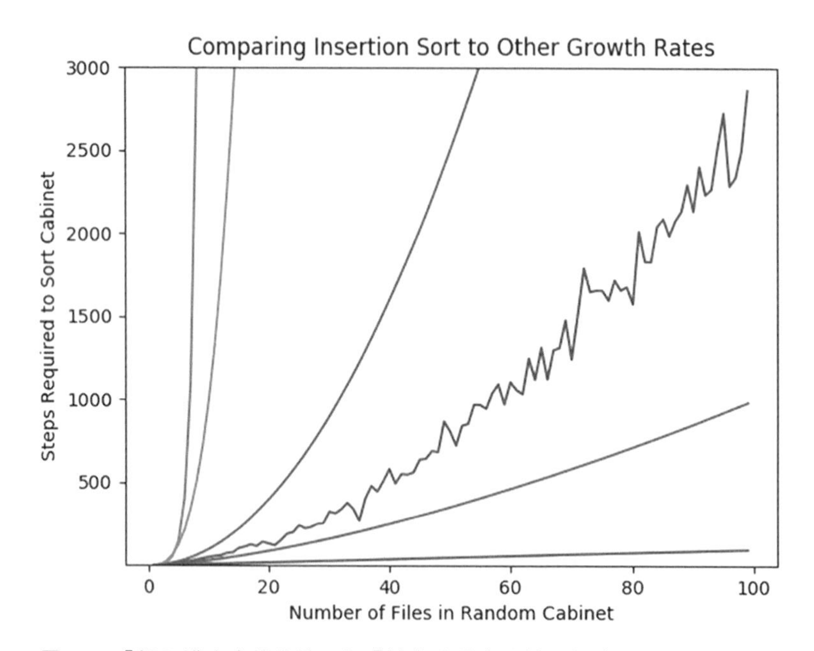

圖 4-3：「插入排序步數曲線」與「其他成長率曲線」相比

除了插入排序所需步數的鋸齒狀曲線，圖 4-3 還描繪五個成長率曲線。其中指數曲線成長最快，旁邊的三次方曲線在圖中顯露的部分也甚少（幾乎不在圖中），成長速度也是相當快速。相較其他曲線而言，$y = x$ 曲線成長非常緩慢，幾乎貼著圖底而長。

最接近插入排序曲線的是：$y = x^2$、$y = x^{1.5}$。兩者之中，何者與插入排序曲線最為相仿，並不顯然，因此無法肯定表示插入排序的精確成長率。不過就此圖而言，可以做出如下的陳述：「若對內有 n 個元素的串列進行排序，則插入排序將需要 $n^{1.5} \sim n^2$ 的步數」，比起「只需要蚊子振翅的時間」、「早上在自己的筆電執行用了將近 0.002 秒」，會是更為精確牢靠的陳述。

更為理論的精確度衡量

為求更為精確，應該試著仔細推斷插入排序所需步數。設想有個未排序的新串列，其內有 n 個元素。逐步進行表 4-1 描述的插入排序每個步驟，計數這些步驟數量（步數）。

表 4-1：插入排序的步數計數

動作描述	從舊櫃取檔所需步數	與其他檔案相比所需的步數	將檔案插入新櫃所需步數
從舊櫃取出第一個檔案，將其插入新櫃（空的）。	1	0（無檔案可比較。）	1
從舊櫃取出第二個檔，將其插入新櫃（內有一個檔案）。	1	1（有個檔案，必須與其相比。）	1
從舊櫃取出第三個檔案，將其插入新櫃（內有兩個檔案）。	1	1～2（有兩個檔案，最少須與其中 1 個檔案相比，最多會與每個檔案相比。）	1
從舊櫃取出第四個檔案，將其插入新櫃（內有三個檔案）。	1	1～3（有三個檔案，最少須與其中 1 個檔案相比，最多會與每個檔案相比。）	1
…	…	…	…
從舊櫃取出第 n 個檔案，將其插入新櫃（內有 $n-1$ 個檔案）。	1	1～$(n-1)$（有 $n-1$ 個檔案，最少須與其中 1 個檔案相比，最多會與每個檔案相比。）	1

若將此表描述的所有步數相加，將得到以下最大總步數：

- 取檔所需步數：n（每取出一個檔案需要 1 步，總共取出 n 個檔案）
- 檔案相比所需步數：最多為 $1 + 2 + ... + (n - 1)$
- 插入檔案所需步數：n（將每個檔案插入需要 1 步，總共將 n 個檔案插入）

將上述項目相加，可得到下列的運算式：

$$\text{maximum\_total\_steps} = n + (1 + 2 + . . . + n)$$

套用下列實用的公式簡化上述的運算式：

$$1 + 2 + . . . + n = \frac{n \times (n + 1)}{2}$$

使用上述的公式，將所有項目加總、簡化，則所需的總步數是

$$\text{maximum\_total\_steps} = \frac{n^2}{2} + \frac{3n}{2}$$

對於執行插入排序所需最大總步數，終於有個非常精確的運算式。不過基於數個原因，這個運算式反而過於精確（信不信由你）。其中一個原因是，這是所需的最大步數，而最小步數或平均步數可能低很多，幾乎每個能夠想到的串列，將其排序所需的步數會較少。回顧圖 4-1 描繪的曲線鋸齒部分——執行演算法所需時間，總是存在著變化，完全取決於所選的輸入內容。

另一個原因是，對於大 n 值來說，知道演算法步數最為重要；不過隨著 n 值變大，該運算式小部分內容開始轉為重要主導，原因是各種函數的成長率差異急遽擴大。

以運算式 $n^2 + n$ 為例。其為下列兩項的加總：n^2、n。若 $n = 10$，則 $n^2 + n$ 為 110，比 n^2 高 10%。若 $n = 100$，則 $n^2 + n$ 為 10,100，只比 n^2 高 1%。隨著 n 的增加，因為二次函數的成長速度比線性函數快很多，所以運算式的 n^2 項轉而比 n 項重要。因此，若有個演算法需要執行 $n^2 + n$ 步，而另一個演算法需要執行 n^2 步，則隨著 n 的增加，兩者的差異將越來越小。兩者皆需要執行 n^2 步左右。

使用 Big-O 符號

若說演算法執行 n^2 步左右，是想在精確性、簡潔性（還有隨機性）之間取得合理平衡。一般會使用數學形式 *Big-O* 符號表達這種「左右、大約」關係，其中 *O* 是 *order*（等級又稱作階）的縮寫。倘若對於大 n 值來說，最差情況下，某特定演算法需要執行 n^2 步左右，就此可能會說：該特定演算法是「Big-O of n^2」或 $O(n^2)$。以數學定義

而言，$f(x)$ 是 Big-O of $g(x)$，即對於所有足夠大的 x 值，其中有個常數 M，使得 $f(x)$ 絕對值小於（等於）M 倍的 $g(x)$ 絕對值。

以插入排序例子來說，其中演算法執行所需最大步數的運算式，為下列兩個項式加總：n^2 的倍項（1/2 倍）、n 的倍項（3/2 倍）。正如剛剛所述，n 的倍項，隨著 n 值的增加而顯得越來越不重要，n^2 倍項將成為唯一關注項。因此，插入排序是最差情況為 $O(n^2)$（「Big-O of n^2」）等級的演算法。

演算法效率的追求包含：尋找的演算法，其執行時間（runtime）要是「Big-O of『越來越小的函數』」。若能找到改變插入排序的方法，使其為 $O(n^{1.5})$ 而不是 $O(n^2)$，這將是重大突破，對於大 n 值的執行時間會有巨大差異。Big-O 符號不只涉及時間，也可論及空間。某些演算法可以藉由記憶體（memory）儲存巨量資料集而提高速度。其執行時間可能是「Big-O of 小函數」，但記憶體需求則為「Big-O of 大函數」。以占用記憶空間換得速度，或者藉由犧牲速度而換得記憶空間釋放，何者明智，視情況而定，並非絕對。本章將聚焦以提高速度為主的演算法設計，其執行時間為「Big-O of『盡可能達最小的函數』」，而不考慮記憶空間需求。

學了插入排序，明白其執行時間效能為 $O(n^2)$，自然會想知道能夠合理期望排序達到什麼級別的改進。能否找到某個聖杯演算法，可以對任何可能串列以不到 10 步完成排序嗎？答案是不能。因為要逐一查看串列的每個元素（以串列內含 n 個元素而言），所以每個排序演算法至少需要 n 步。因此，任何排序演算法至少是 $O(n)$。不可能比 $O(n)$ 更好，但能比插入排序的 $O(n^2)$ 更好嗎？接下來將探討已知為 $O(n\log(n))$ 的演算法，其為明顯改進的演算法（相較插入排序來說）。

合併排序

合併排序（*Merge sort*）是比插入排序快很多的演算法。合併排序，就如同插入排序，也有其自己所屬的兩個部分：「合併兩個串列」、「反覆使用合併內容以完成實際排序」。論及排序之前，我們先來討論合併本身。

假設有兩個檔案櫃，皆已各自排序完成，但從未相互比較。在此希望將兩者內容合併到最終的檔案櫃，該檔案櫃也呈完全排序狀態。將此項工作稱為兩已排序檔案櫃的**合併**。應該如何解決這個問題？

再度用 Python 寫程式之前，值得探究如何用實際的檔案櫃做到這一點。就此，設想有三個檔案櫃擺在自己面前：兩個完整排序的檔案櫃（要合併兩者內部的檔案），第三個是空檔案櫃（要將檔案插入的櫃子，最終包含原來兩個櫃子的所有檔案）。其中稱原本兩個櫃子為「左櫃」、「右櫃」，想像它們分別位於自己的左右兩側。

合併

若要合併，可以同時在兩個原始櫃子中各取其第一個檔案：左側的第一個檔案——左側檔，右側的第一個檔案——右側檔。何者較低，將其作為要插入新櫃的第一個檔案。要找插入新櫃的第二個檔案，再度於左右櫃子各取第一個檔案，相較之後，將較低的檔案插入新櫃最後一個位置。當左櫃或右櫃空無一物時，將非空的櫃子其餘檔案直接置於新櫃的尾端。此時，新櫃包含來自左右兩櫃的所有檔案（按順序排列）。成功合併原來兩個櫃子。

下列 Python 將使用 `left`、`right` 變數代表原來兩個已排序的櫃子，另外定義 `newcabinet` 串列，內容一開始為空，而最終將包含 `left`、`right` 兩者的所有元素（依序排列）。

```
newcabinet = []
```

範例左右兩櫃（`left`、`right`）內容定義如下：

```
left = [1,3,4,4,5,7,8,9]
right = [2,4,6,7,8,8,10,12,13,14]
```

比較左右兩櫃各自的第一個元素，其中使用下列的 `if` 陳述式（稍後完成 `--snip--` 片段內容，才會執行這段程式碼）：

```
if left[0] > right[0]:
    --snip--
```

```
    elif left[0] <= right[0]:
     --snip--
```

注意：若左櫃第一個元素低於右櫃第一個元素，則要從左櫃中取出該元素，將其插入 `newcabinet`，反之亦然。使用 Python 內建 `pop()` 函數達成所需，將此函數的運用內容插入 `if` 陳述式中：

```
if left[0] > right[0]:
    to_insert = right.pop(0)
    newcabinet.append(to_insert)
elif left[0] <= right[0]:
    to_insert = left.pop(0)
    newcabinet.append(to_insert)
```

此程序——查看左右櫃子各自的第一個元素，取出符合條件的其中一個放入新櫃——只要兩個櫃子各自仍有一個以上的檔案存在，就反覆進行該程序。因此要將這些 `if` 陳述式嵌入 `while` 迴圈，此迴圈會檢查 `left`、`right` 兩者之中的最小長度。只要 `left`、`right` 各含有一個以上的檔案，就反覆執行該程序：

```
while(min(len(left),len(right)) > 0):
    if left[0] > right[0]:
        to_insert = right.pop(0)
        newcabinet.append(to_insert)
    elif left[0] <= right[0]:
        to_insert = left.pop(0)
        newcabinet.append(to_insert)
```

只要 `left`、`right` 其中一櫃完成內部所有檔案的插入作業，`while` 迴圈將停止執行。此時，若 `left` 為空，則將 `right` 內所有檔案以原來的順序插入新櫃的尾端，反之亦然。就此完成最終的插入作業：

```
if(len(left) > 0):
    for i in left:
        newcabinet.append(i)

if(len(right) > 0):
    for i in right:
        newcabinet.append(i)
```

將所有上述片段組合成為如示例 4-4 所示的合併演算法完整內容（Python 程式實作）。

```
def merging(left,right):
    newcabinet = []
    while(min(len(left),len(right)) > 0):
        if left[0] > right[0]:
            to_insert = right.pop(0)
            newcabinet.append(to_insert)
        elif left[0] <= right[0]:
            to_insert = left.pop(0)
            newcabinet.append(to_insert)
    if(len(left) > 0):
        for i in left:
            newcabinet.append(i)
    if(len(right)>0):
        for i in right:
            newcabinet.append(i)
    return(newcabinet)

left = [1,3,4,4,5,7,8,9]
right = [2,4,6,7,8,8,10,12,13,14]

newcab=merging(left,right)
```

示例 4-4：兩個已排序串列的合併演算法

示例 4-4 程式建立單一串列 newcab，將包含 left、right 所有元素（依順序合併）。執行 print(newcab) 可得知此合併函數的運作結果。

從合併到排序

知道合併的方式之後，合併排序就易如反掌。就此從設計簡單的合併排序函數開始，該函數只處理內含兩個以下元素的串列。單元素串列已排序，因此，若將此種串列作為合併排序函數的輸入，則應該直接原封不動的將其作為結果傳回。若將雙元素串列傳給合併排序函數，則可以將該串列拆成兩個單元素串列（進而呈已排序狀態），就這些單元素串列呼叫合併函數處理，以獲得最終排序的雙元素串列。下列 Python 函數可完成上述需求：

```
import math

def mergesort_two_elements(cabinet):
    newcabinet = []
    if(len(cabinet) == 1):
        newcabinet = cabinet
    else:
        left = cabinet[:math.floor(len(cabinet)/2)]
        right = cabinet[math.floor(len(cabinet)/2):]
        newcabinet = merging(left,right)
    return(newcabinet)
```

上述程式碼採取 Python 的串列索引語法，將任何想要排序的櫃子拆成左櫃、右櫃。其位於定義 left、right 的程式碼中，使用 :math.floor(len(cabinet)/2)、math.floor(len(cabinet)/2): 從原櫃子中分別取得整個前半部分、整個後半部分。可以就任何單元素櫃子、雙元素櫃子，使用此函數——例如：mergesort_two_elements([3,1])——隨後查看該函數成功傳回排序完成的櫃子結果。

以下要撰寫一個函數，排序具有四個元素的串列。若將四元素串列拆成兩個子串列，每個子串列將有兩個元素。我們可以依合併演算法合併這些串列。然而，別忘了，在此的合併演算法用於合併兩個已排序的串列。前述拆開的兩個串列可能沒有排序，因此使用合併演算法將兩者排序將不會成功。不過，每個子串列只有兩個元素，方才有撰寫一個函數，可以對內有兩個元素的串列執行合併排序。因此，將四元素串列拆成兩個子串列之後，針對這些子串列，呼叫此雙元素串列版本的合併排序函數，隨後將兩個排序完成的串列合併在一起，以獲得四個元素的排序結果。在此要撰寫的 Python 函數內容如下：

```
def mergesort_four_elements(cabinet):
    newcabinet = []
    if(len(cabinet) == 1):
        newcabinet = cabinet
    else:
        left = mergesort_two_elements(cabinet[:math.floor(len(cabinet)/2)])
        right = mergesort_two_elements(cabinet[math.floor(len(cabinet)/2):])
        newcabinet = merging(left,right)
    return(newcabinet)
```

```
cabinet = [2,6,4,1]
newcabinet = mergesort_four_elements(cabinet)
```

持續撰寫類似的函數，相繼處理更大的串列。不過，此刻若意識到，用遞迴整合整個程序，勢必會有所突破。將示例 4-5 的函數與上述 mergesort_four_elements() 函數相比。

```
def mergesort(cabinet):
    newcabinet = []
    if(len(cabinet) == 1):
        newcabinet = cabinet
    else:
❶       left = mergesort(cabinet[:math.floor(len(cabinet)/2)])
❷       right = mergesort(cabinet[math.floor(len(cabinet)/2):])
        newcabinet = merging(left,right)
    return(newcabinet)
```

示例 4-5：合併排序實作（遞迴版）

此示例的函數內容幾乎與 mergesort_four_ elements() 函數雷同。主要差別是，建立左右櫃子時，並無特別針對較小的串列呼叫另一個函數。反而為較小的串列呼叫自己❶、❷。合併排序是**分治**（*divide and conquer*）演算法。從大的未排序串列開始。反覆將串列拆成越來越小的區塊（divide），最終呈排序狀態的單元素串列（conquer），隨後就將這些串列相繼往回合併在一塊，直到組回一個大的已排序串列。我們可以針對各種大小的串列呼叫此合併排序函數，並確認其處理結果：

```
cabinet = [4,1,3,2,6,3,18,2,9,7,3,1,2.5,-9]
newcabinet = mergesort(cabinet)
print(newcabinet)
```

示例 4-6 為上述合併排序程式的完整內容。

```
def merging(left,right):
    newcabinet = []
    while(min(len(left),len(right)) > 0):
        if left[0] > right[0]:
            to_insert = right.pop(0)
```

```
            newcabinet.append(to_insert)
        elif left[0] <= right[0]:
            to_insert = left.pop(0)
            newcabinet.append(to_insert)
    if(len(left) > 0):
        for i in left:
            newcabinet.append(i)
    if(len(right) > 0):
        for i in right:
            newcabinet.append(i)
    return(newcabinet)

import math

def mergesort(cabinet):
    newcabinet = []
    if(len(cabinet) == 1):
        newcabinet=cabinet
    else:
        left = mergesort(cabinet[:math.floor(len(cabinet)/2)])
        right = mergesort(cabinet[math.floor(len(cabinet)/2):])
        newcabinet = merging(left,right)
    return(newcabinet)

cabinet = [4,1,3,2,6,3,18,2,9,7,3,1,2.5,-9]
newcabinet=mergesort(cabinet)
```

示例 4-6：合併排序完整實作

在合併排序程式中增加步驟計數器，取得執行所需的步數，得知其與插入排序相比結果。合併排序程序包括：將初始櫃子陸續拆成子串列，以及將這些子串列往回合併（維持排序順序）。每次的拆分會將一個串列分作兩半。將長度為 n 的串列持續拆成兩半，拆到所有子串列只有一個元素時，所需的次數是 $\log(n)$ 左右（在此 log 是以 2 為底），每次合併必須相比的次數是 n 以內。因此在 $\log(n)$ 次拆分中，每一拆分合併時最多要比較 n 次，對於整體比較次數而言，合併排序為 O(n×log(n))，結果似乎並不起眼，然而實際上這樣的表現使得合併排序成為目前最佳的排序方法。事實上，可用以下的方式呼叫 Python 內建的 sorted 函數：

```
print(sorted(cabinet))
```

此 Python 函數即在背後，採用合併排序與插入排序的混合版本，完成該排序工作。讀者學會合併排序與插入排序，即掌握目前電腦科學家所設計的最快排序演算法，平常廣泛運用這個演算法的應用程式不計其數。

休眠排序

網際網路對人類的重大負面影響，偶爾會因其內含的閃亮小珍寶而有所消弭。有時，網際網路內部竟然有科學的發現；這些科學內容會悄悄地進入科學期刊或「機構」活動範圍外的領域。2011 年，線上貼圖討論版——4chan，有位匿名貼文者提出一種從未發表的排序演算法（包含程式碼實作），後來稱之為**休眠排序**。

休眠排序並非像是用於一般實際情況（譬如將檔案插入檔案櫃）。若要類比的話，可能會想到**鐵達尼號**沈船之際，分配救生艇的任務。我們可能希望孩童和年輕人先上救生艇，而後才讓老人占用救生艇剩餘位置。若宣布「年輕人比老年人先上船」，將面臨混亂，原因是必須比較每個人的年齡——在沉船的混亂中，將面臨難以排序的問題。

鐵達尼號救生艇的休眠排序方法如下——宣佈「每個人請站著不動，計數自己的年齡：1、2、3……。只要數到自己目前的年齡，就出來上救生艇」。就此設想，8 歲孩童會比 9 歲孩童提前大約一秒完成計數，因此會有一秒的領先，比 9 歲孩童先獲得船上一席之地。8 歲、9 歲的孩童同樣能夠比 10 歲孩童先上船，依此類推。不做任何比較，只以個人的能力暫停一段時間（此時間長度與要排序的計量值成比例），隨後將自己插入，輕鬆進行排序——並沒有直接的人與人相比動作。

這個**鐵達尼號**救生艇程序呈現休眠排序的概念：讓每個元素直接將自己插入，不過是在暫停一段時間（與待排序的計量值成比例的時間）之後發生。就程式設計角度而言，這些暫停稱為**休眠**，多數的程式語言皆能支援實作。

用下列方式實作 Python 休眠排序。就此將匯入 `threading` 模組，對於要休眠後將自己插入的每個串列元素，此模組能夠針對這些元素建立各自的電腦處理程序（computer process）。還要匯入 time.sleep 模組，得以讓各個「執行緒」（thread）休眠恰當的一段時間[譯註 1]。

```
import threading
from time import sleep

def sleep_sort(i):
    sleep(i)
    global sortedlist
    sortedlist.append(i)
    return(i)

items = [2, 4, 5, 2, 1, 7]
sortedlist = []
ignore_result = [threading.Thread(target = sleep_sort, args = (i,)).start() \
for i in items]
```

其中 sortedlist 變數儲存排序完的串列，而 ignore_result 用於忽略所建的串列。休眠排序的優點是，以 Python 撰寫的內容言簡意賅。若於此排序作業完成前印出 sortedlist 變數內容，也是值得玩味（在此大約 7 秒以內），這完全取決於 print 指令執行的時間，將會看到不同內容的串列。然而，休眠排序也有些缺點。其中一個是，由於不可能休眠一段負數的時間，休眠排序無法針對負數串列做排序。另一個缺點是，休眠排序的執行會受異常情況的高度影響——若將 1,000 加到串列中，則必須等待至少 1,000 秒，演算法才能執行完成。還有一個缺點是，若執行緒無法完美並行（concurrently）運作，則彼此接近的數值可能會以錯誤順序將自己插入。此外，由於休眠排序使用執行緒，若軟體、硬體沒有（妥善）支援執行緒功能，則無法（妥善）執行休眠排序。

若以 Big-O 符號表達休眠排序的效能，則會表示為 $O(max(list))$。休眠排序的執行時間與其他知名排序演算法的執行時間不同，並非取決於串列本身的長度，而與串列元素內容的大小有關。如此使得休眠排序難以運用，原因是只有針對某些串列內容才能發揮它的效能——若串列的元素內容值太大，即使簡短的串列也需要很長的排序時間。

譯註 1 在此「process」又稱作「行程」，「thread」又稱作「線程」。

休眠排序可能永遠不會有實用價值（即使處在正在下沉的船上，也是如此）。筆者基於數個原因，而將此演算法納入本書篇幅。第一、相較於其他現存的排序演算法，此演算法與眾不同，藉此提醒大家，就算是了無新意、停滯不前的研究領域也有創造革新的空間，該演算法為看似狹隘的領域提供令人耳目一新（別具一格）的視角。第二、此演算法是由研究、實務主流之外的人以匿名設計、發表，藉此提醒大家，優秀的思想與才華不僅出現於一流大學、著名期刊、頂尖公司中，而在未經認證、未被認可之處也能找到。第三、此演算法為迷人的新一代演算法代表——「電腦原生」演算法，並非如同許多舊演算法，將可用櫃子、雙手完成的工作轉譯而成，這樣的演算法根本上是基於電腦特有的功能（在此為休眠與執行緒）而生。第四、此演算法所依據的電腦原生概念（休眠、執行緒）非常有用，值得放到演算法學家工具箱中（用於設計其他演算法）。第五、筆者對此演算法情有獨鍾，原因也許只是其不合時宜的奇特創意，或者喜愛其自我組織順序的方法及以下的實際情況：若要負責拯救一艘正在下沉的船，可以用到它。

從排序到搜尋

搜尋，如同排序，是電腦科學中（以及生活中）各種工作的基礎。其中可能想要搜尋電話簿裡的名字，或可能需要查詢資料庫，找出一筆相關紀錄。

搜尋往往只不過是排序的必然結果。換句話說，串列排序完成，搜尋就輕而易舉——排序通常是最困難的部分。

二元搜尋

針對已排序串列的元素搜尋而言，**二元搜尋**是快速有效的方法。其運作方式有點類似猜謎遊戲。假設要求朋友想個數值（範圍 1 ～ 100），隨後自己設法猜出這個數值。第一次可能猜 50。而朋友回說 50 不是正確的答案，給了以下提示，允許再猜一次：50 太高了。既然 50 比答案高，改猜 49。朋友再度表示不正確，回答 49 還是太高，又再次給予猜測機會。就這樣按 48、47……逐次猜下去，直到猜到正確答案。不過，如此運作可能需要很長的時間——若正確的數值是 1，則要猜 50 次才能猜到答案，就起初總共只有 100 種可能情況而言，這樣的猜測次數似乎過多。

較妥善的方法是在知道猜測過高、過低之後，採取較大幅度的數值猜測變換。若 50 太高，下一次可以從 40（而非 49）開始猜，試圖在猜測之中獲悉更多資訊。倘若 40 太低，表示排除 39 種可能情況（1 ～ 39），毫無疑問，最多只要再猜 9 次（41 ～ 49）。若 40 太高，表示至少排除 9 種可能情況（41 ～ 49），當然最多要再猜 39 次（1 ～ 39）。因此，若猜 40，最差而言，可能情況將從 49（1 ～ 49）縮減至 39（1 ～ 39）。相較之下，若猜 49，最差而言，可能情況從 49（1 ～ 49）縮減到 48（1 ～ 48）。顯然，「猜 40」比「猜 49」為更好的搜尋策略。

結果是，最佳的搜尋策略是剛好猜到其餘可能情況的中間點。如此為之，確認猜太高還是猜太低，總是對剩下的可能情況排除一半數量。在每回的猜測中排除一半的可能情況，實際上可以很快找到正確值（對那些在家裡耳聞評分的人來說，其分數是：$O(\log(n))$）。例如，針對內有 1,000 個項目的串列，使用二元搜尋策略只需要 10 次猜測，就能找到串列的任何元素。若只能猜 20 次，則可以針對內含一百多萬個項目的串列，正確找到某個元素所在。順便一提，這就是為什麼可以撰寫猜謎遊戲程式，只詢問大約 20 個問題即可正確「讀懂你的心」。

以 Python 實作此內容，首先定義檔案在檔案櫃所占位置的上下界限。下限為 0，上限為櫃子長度：

```
sorted_cabinet = [1,2,3,4,5]
upperbound = len(sorted_cabinet)
lowerbound = 0
```

起初猜測要搜尋的檔案位於櫃子中間。其中匯入 Python 的 `math` 模組，使用其中的 `floor()` 函數，將小數轉為整數。別忘了，猜中間點可能提供最大量資訊：

```
import math
guess = math.floor(len(sorted_cabinet)/2)
```

隨後檢查此猜測結果太低還是太高。其中依檢查結果採取不同的動作。在此使用 `looking_for` 變數表示要搜尋的檔案：

```
if(sorted_cabinet[guess] > looking_for):
    --snip--
if(sorted_cabinet[guess] < looking_for):
    --snip--
```

若櫃子內該檔案太高，則更新猜測的上限，此時尋找櫃子更高的檔案並無效用。新的猜測會較低值——確切而言，是目前猜測位置與下限的中間處：

```
looking_for = 3
if(sorted_cabinet[guess] > looking_for):
    upperbound = guess
    guess = math.floor((guess + lowerbound)/2)
```

若櫃子內此檔案太低，則持續進行類似的流程：

```
if(sorted_cabinet[guess] < looking_for):
    lowerbound = guess
    guess = math.floor((guess + upperbound)/2)
```

最終將上述的內容片段放入 `binarysearch()` 函數。該函數有個 `while` 迴圈，將持續執行，直到找到要搜尋的櫃子內容為止（示例 4-7）。

```
import math
sortedcabinet = [1,2,3,4,5,6,7,8,9,10]

def binarysearch(sorted_cabinet,looking_for):
    guess = math.floor(len(sorted_cabinet)/2)
    upperbound = len(sorted_cabinet)
    lowerbound = 0
    while(abs(sorted_cabinet[guess] - looking_for) > 0.0001):
        if(sorted_cabinet[guess] > looking_for):
            upperbound = guess
            guess = math.floor((guess + lowerbound)/2)
```

```
        if(sorted_cabinet[guess] < looking_for):
            lowerbound = guess
            guess = math.floor((guess + upperbound)/2)
    return(guess)

print(binarysearch(sortedcabinet,8))
```

示例 4-7：二元搜尋實作

此程式最終輸出結果：數值 8 位於 sorted_cabinet 的位置 7。結果正確（注意：Python 串列索引從 0 開始）。此猜測策略將其餘可能情況的一半數量排除，這樣的方式適用於多數領域。以之前流行的桌遊「猜猜我是誰」（*Guess Who*）為例，上述猜測策略成為此遊戲中平均最有效策略之基礎。對一本不熟悉的大字典來說，這也是單字查詢的最佳方式（理論上）。

二元搜尋應用

除了猜謎遊戲、單字查詢，二元搜尋還用於其他領域。例如，程式除錯（debugging）可運用二元搜尋概念。假設有段程式碼沒有作用，但是不確定哪個環節有問題。此時可以使用二元搜尋策略尋找問題。將程式碼分成兩半段，各別執行。不能運作的那一半段就是問題所在的部分。再次把有問題的那一半段程式碼分作分成兩半段，分別測試這兩半段的程式碼，進一步縮減可能情況，直到找到有問題的程式碼。熱門的程式碼版本控制軟體 Git 也實作類似的概念——即：git bisect（疊代搜尋近期各版的程式碼，而非某版的程式碼）。

另一個二元搜尋應用是求數學反函數。例如，設想在此必須提供一個函數，能夠計算給定數的反正弦（arcsin）值。只需幾行程式碼，讓該函數呼叫前述的 binarysearch()，即可取得正確答案。程式碼首先限定一個定義域[譯註 2]；其內容是要尋訪的數值（從中找出給定數的反正弦值）。sine 函數是週期函數，取其介於 –pi/2 與 pi/2 之間的所有可能值，因此該定義域將由這兩個極端值之間的所有數值所構成。接著計算該定義域中每個數值的正弦值[譯註 3]。呼叫 binarysearch() 找出

譯註 2 限定的正弦函數定義域「domain」。

譯註 3 受限的正弦函數值域「range」。

正確答案所在位置（此答案的正弦值即為該給定數），隨後以此對應位置索引取得該定義域的值，傳回即可：

```
def inverse_sin(number):
    domain = [x * math.pi/10000 - math.pi/2 for x in list(range(0,10000))]
    the_range = [math.sin(x) for x in domain]
    result = domain[binarysearch(the_range,number)]
    return(result)
```

若執行 inverse_sin(0.9)，此函數傳回的正確答案是：1.12 左右。

這並非反函數的唯一求法。某些函數可用代數運算求反函數。然而，許多函數難以（甚至不可能）用代數運算求出反函數。相較之下，此處介紹的二元搜尋方法適用於任何函數，其執行時間為 $O(\log(n))$，也是相當快速的表現。

本章總結

若讀者在世界各地歷險歸來稍作休息，參加摺疊衣物研討會，則可能覺得排序與搜尋平淡無奇。也許如此，不過別忘了，若讀者摺衣服能更有效率，就可以打包更多的衣物，遠征吉力馬札羅山。排序與搜尋演算法可以成為推手，站在演算法巨人的肩膀上協助創建更新穎、更卓越的事物。除此之外，值得仔細研究排序與搜尋演算法，理由是兩者為基本常見的演算法，兩者的概念對於知識生活有所助益。本章討論一些值得關注的基本排序演算法，外加二元搜尋。其中還探討如何比較演算法與使用 Big-O 符號。

下一章將討論一些純數學（pure math）的應用。說明如何使用演算法探索數學領域，以及數學領域如何協助人類的世界。

5

純數學

演算法，因其量化精確度（**quantitative precision**），而用於數學應用，理所當然。本章要探討純數學（**pure mathematics**）領域有用的演算法，研究如何以數學概念改進演算法。首先討論「連分數」這個嚴肅主題，它將引領我們進入「無限」概念的眼花繚亂境界，進而從混沌中理出秩序。接著討論平淡而有用的內容——平方根。最後將探討隨機性，其中包括隨機數學、用於產生亂數（**random number** 或稱作隨機數）的重要演算法。

連分數

1597 年，偉人克卜勒（Johannes Kepler）認為的幾何「兩大珍寶」是：畢氏定理（Pythagorean theorem）與後人所謂**黃金比例**（*golden ratio*）的數值；後者通常以希臘字母 *phi* 表示，其值約為 1.618，此比例讓數十位偉大思想家著迷，克卜勒也是其中一位。如同 pi 或其他著名常數（像自然底數 *e*），phi 往往會在出乎意料之處顯現。自然界許多地方皆可發現 phi 的蹤跡，人們精心記載美術作品呈現黃金比例所在之處，譬如圖 5-1 所示的《維納斯對鏡梳妝》（*The Rokeby Venus*）註釋版內容。

圖 5-1 中，phi 愛好者附加線條，表明畫中某些的長度比例，似乎等於 phi（如：b/a、d/c）。許多偉大畫作的構圖皆能捕捉到這樣的 phi。

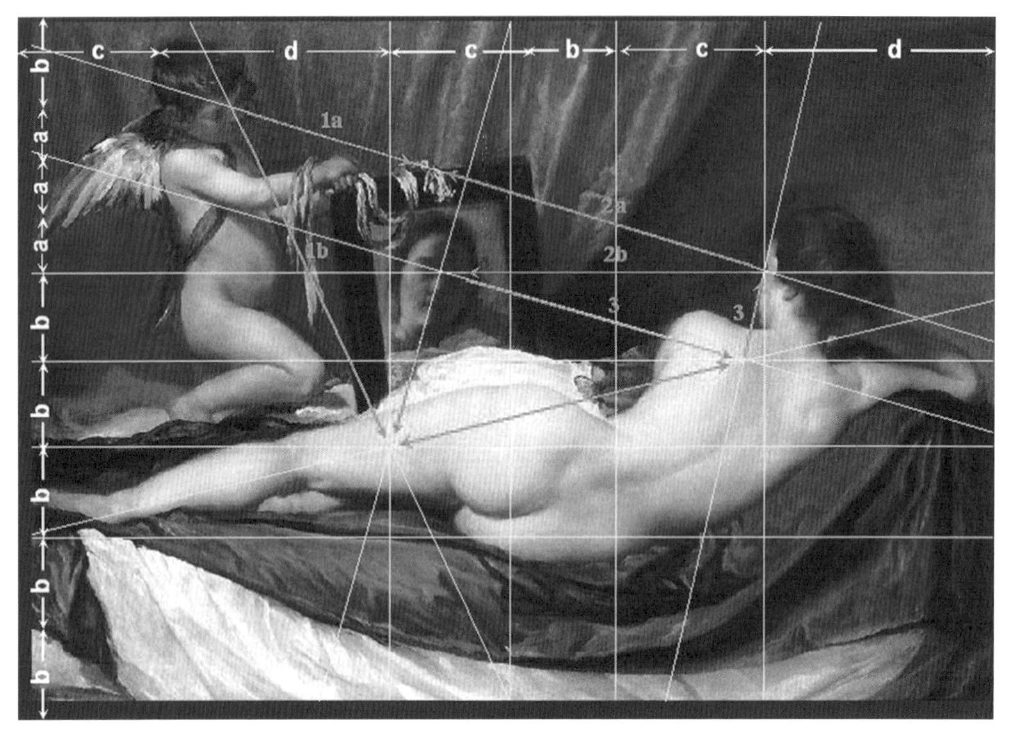

圖 5-1：維納斯與 phi
（源自 *https://commons.wikimedia.org/wiki/File:DV_The_Toilet_of_Venus_Gr.jpg*）

phi 的精簡表達

phi 精確值出人意料的難以表達。可以說此值等於 1.61803399...，省略符號是偷懶的表達方式；表示隨後還有多個位數（事實上，有無限量的位數），因為上述內容沒有清楚表示所有數位，所以讀者仍然不知道 phi 的精確值為何。

對於具有無限小數位數的數值而言，可用分數精確的表達之。例如，數值 0.11111... 等於 1/9——在此，該分數以簡單方式表達無限循環小數的精確值。即使不曉得分數表示內容，也可看到 0.11111... 中 1 的循環模式，從而知其精確值。然而，黃金比率是**無理數**（*irrational number*），如此表示不存在兩個整數 x、y，使 phi 等於 x/y。此外，尚未有人能看出其位數的模式。

有個無限展開的小數，無明確模式、無分數可表示。似乎不可能清楚表達 phi 的精確值。但是，若深入了解 phi，就能找到精確簡潔的表達方法。相關已知的事項是，phi 為下列方程式的解：

$$phi^2 - phi - 1 = 0$$

因此設想，表達 phi 精確值的方法是寫出「上述方程式的解」。好處是精確簡潔，不過如此意味著必須設法解該方程式。此外，問題描述並無表明要將 phi 展開至第 200 位數，還是第 500 位數。

將上述方程式除以 phi 得到以下內容：

$$phi - 1 - \frac{1}{phi} = 0$$

重新排列此一方程式，得到下列結果：

$$phi = 1 + \frac{1}{phi}$$

此時設想一下，若試圖將式子本身（不尋常的）代入同個式子中：

$$phi = 1 + \frac{1}{phi} = 1 + \frac{1}{1 + \frac{1}{phi}}$$

在此將右側的 phi 重寫為 1 + 1/phi。再度進行同樣的特殊代換；有何不可？

$$phi = 1 + \frac{1}{phi} = 1 + \frac{1}{1 + \frac{1}{phi}} = 1 + \frac{1}{1 + \frac{1}{1 + \frac{1}{phi}}}$$

我們可以多次執行這種代換作業，只要可行，毫無限制的持續下去。經過不斷的代換，會把 phi 推「入」成長的分數中越來越多層的角落位置。示例 5-1 呈現 phi 的運算式，其中將 phi 推到七層。

$$phi = 1 + \cfrac{1}{1 + \cfrac{1}{1 + \cfrac{1}{1 + \cfrac{1}{1 + \cfrac{1}{1 + \cfrac{1}{1 + \cfrac{1}{phi}}}}}}}$$

示例 5-1：以七層連分數表示 phi 值

設想若持續此一程序，可以將 phi 推入無限多層。而持續運作的內容如示例 5-2 所示。

$$phi = 1 + \cfrac{1}{1 + \cfrac{1}{1 + \cfrac{1}{1 + \cfrac{1}{1 + \cfrac{1}{1 + \cfrac{1}{1 + \cfrac{1}{1 + \ldots}}}}}}}$$

示例 5-2：以無限連分數表示 phi 值

理論上，示例 5-2 以省略符號表示無限個 1、加號、分數線，隨後應該將一個 phi 插入，就像示例 5-1 右下角所呈現的。但是，永遠不會處理完所有的 1（因為數量無限），所以有理由完全忽略原本應該嵌入右邊角落的 phi。

其他連分數

上述的運算式稱為連分數。**連分數**是多層的加總與倒數所構成。連分數可能是有限的，就像示例 5-1 的七層連分數；也可能是無限的，如同示例 5-2 的連分數永無止盡。連分數在此特別有用，原因是能夠用於表達 phi 的精確值，而無需砍伐無窮的森林製造足夠的紙張。事實上，數學家有時用更簡潔的符號表示法，能夠以單行表達連分數。我們可以用中括號（[]）表示目前處理的連分數，其內以分號將分數中「單獨」位數（整數部分）與連在一起的位數（其餘部分）分開（而非如上述傳統表示法將連分數的所有分數線寫出來）。phi 的連分數可用此方法呈現：

$$phi = [1; 1,1,1,1 \ldots]$$

就此的省略符號並無遺漏資訊，因為 phi 的連分數有明確模式：全都是 1 所組成的模式，所以可得知其精確到第 100 個、第 1000 個元素為何。這是見證數學奇蹟的時刻：簡潔寫下的內容竟是人們認為無限、無模式、不可言喻的數值。不過 phi 並非唯一的連分數。另一個連分數表示如下：

$$mysterynumber = [2; 1,2,1,1,4,1,1,6,1,1,8, \ldots]$$

在此，觀察前幾位數之後，會找到簡單的模式：一對 1 中夾著偶數，偶數持續遞增。所以接著將是 1、1、10、1、1、12 等等的值。若以傳統寫法呈現此連分數，開頭的內容如下：

$$mysterynumber = 2 + \cfrac{1}{1 + \cfrac{1}{2 + \cfrac{1}{1 + \cfrac{1}{1 + \cfrac{1}{4 + \cfrac{1}{1 + \cfrac{1}{\ldots}}}}}}}$$

事實上，這個神祕數值正是先前提及的 e ── 自然對數的底數！常數 e，就如同 phi、其他無理數，為無明顯模式而無限展開的小數，不能以有限分數表示，似乎不可能簡潔表達其精確數值。但是，改用連分數概念與其簡潔符號，可以將這些看來難以處理的數值以一行內容表示。也有數種非凡的方式，以連分數表示 pi。這是資料壓縮的成就。也是秩序與混沌常年相競的勝利：其中以為只有混沌侵占掌控受關注的數值，然而表面之下總是藏有深層秩序。

phi 的連分數源自一個特別的方程式，這僅適用於 phi。不過事實上，針對任意數值，皆能夠產生連分數表示內容。

連分數產生演算法

以下要使用演算法得出任何數值的連分數展開式。

若分子分母皆為整數的分數值，最容易得出連分數展開式。例如，以求出 105/33 的連分數表示內容為例。目標是以下列類似形式表達此數值：

$$\frac{105}{33} = a + \cfrac{1}{b + \cfrac{1}{c + \cfrac{1}{d + \cfrac{1}{e + \cfrac{1}{f + \cfrac{1}{g + \cfrac{1}{\cdots}}}}}}}$$

其中省略符號表式有限的連續內容（而非無限的）。演算法首先產生 a，接著是 b、c，按字母表的項目順序逐次處理，到達最後一項為止或中途要求停止。

若將範例 105/33 詮釋為除法問題而非分數議題，則 105/33 的結果是 3 餘 6。可將 105/33 改寫成 3 + 6/33：

$$3 + \frac{6}{33} = a + \cfrac{1}{b + \cfrac{1}{c + \cfrac{1}{d + \cfrac{1}{e + \cfrac{1}{f + \cfrac{1}{g + \cfrac{1}{\cdots}}}}}}}$$

此等式的左邊與右邊皆由整數（左 3、右 a）與分數（左為 6/33、右為其餘分數部分）組成。結論是兩邊整數部分相等，所以 $a = 3$。緊接著，必須找到一組 b、c……，使得整個分數部分的運算式結果為 6/33。

若要找出正確的 b、c……，必須解 $a = 3$ 之後的分數式子：

$$\frac{6}{33} = \cfrac{1}{b + \cfrac{1}{c + \cfrac{1}{d + \cfrac{1}{e + \cfrac{1}{f + \cfrac{1}{g + \cfrac{1}{\cdots}}}}}}}$$

若對此式子兩邊取其倒數，可得以下式子：

$$\frac{33}{6} = b + \cfrac{1}{c + \cfrac{1}{d + \cfrac{1}{e + \cfrac{1}{f + \cfrac{1}{g + \cfrac{1}{h + \cfrac{1}{\cdots}}}}}}}$$

此時的任務是求 b、c。則可以再做除法；33 除以 6 是 5 餘 3，所以可以將 33 /6 改寫成 5 + 3/6：

$$5 + \frac{3}{6} = b + \cfrac{1}{c + \cfrac{1}{d + \cfrac{1}{e + \cfrac{1}{f + \cfrac{1}{g + \cfrac{1}{h + \cfrac{1}{\cdots}}}}}}}$$

等式的兩邊都有一個整數（左 5、右 b）與一個分數（左為 3/6、右為其餘分數部分）。結論是，整數部分相等，所以 $b = 5$。在此處理完字母表的另一個字母，接著需要簡化 3/6 以利進一步的作業。若無法立即反應 3/6 等於 1/2，則可以按照 6/33 的相同程序：3/6 可表示為 1/（6/3），即將式子兩邊取其倒數，而 6/3 是 2 餘 0。當餘數為 0 表示演算法執行完成，也就是說此程序到此為止，可以寫出完整連分數，如示例 5-3 所示。

在此對於反覆將兩整數相除的程序，是否覺得熟悉。事實上，第 2 章的歐幾里得演算法即有此相同程序！兩者步驟相同，但對結果的採用部分不同：就歐幾里得演算法而言，要求得最終一個非零餘數，而連分數產生演算法，則需要求得過程中每個商數（即以字母表中每個字母表示的未知數）。正如數學經常發生的情況一樣，於此發現出乎意料的關聯——「連分數的產生」與「最大公因數的探索」兩者的連結。

以 Python 實作連分數產生演算法，內容如下。

假定從 x/y 分數開始。要確定 x、y 何者較大，何者較小：

```
x = 105
y = 33
big = max(x,y)
small = min(x,y)
```

將較大者除以較小者，就如同前述的 105/33 計算，取其商。若商為 3，餘數為 6，結論是，3 為該連分數第一項（a）的解。取其結果儲存之：

```
import math
output = []
quotient = math.floor(big/small)
output.append(quotient)
```

在此我們準備求得完整字母表結果（a、b、c……），所以建立空串列 `output`，把第一個結果加入其中。

隨後，如同前述的 33/6 運作，必須反覆進行這個程序。注意，33 原本是 `small` 變數的內容，此時成為 `big` 變數的內容，而剛才的餘數，此刻成為 small 變數的新值。因為餘數小於除數，所以 big 與 small 一直維持正確的變數名義。下列以 Python 完成上述的變數內容變換：

```
new_small = big % small
big = small
small = new_small
```

此時，即完成演算法的一回動作，需要重複進行同樣的動作，處理下一組數值（33、6）。若要以簡潔方式進行該程序，可以把相關內容全部放在迴圈中，如示例 5-4 所示。

```
import math
def continued_fraction(x,y,length_tolerance):
    output = []
    big = max(x,y)
    small = min(x,y)

    while small > 0 and len(output) < length_tolerance:
        quotient = math.floor(big/small)
        output.append(quotient)
        new_small = big % small
        big = small
        small = new_small
    return(output)
```

示例 5-4：以連分數表示分數的演算法

在此，將引數傳入 x、y，另外定義 length_tolerance 變數。注意，某些連分數的長度無限（或者相當長）。此函數加入 length_tolerance 變數，可以提前停止執行程序，阻止輸出內容越來越笨重，進而避免陷入無窮迴圈窘境。

前述的歐幾里得演算法，筆者使用遞迴解決方案，在此則改用 while 迴圈。遞迴非常適合歐幾里得演算法，因為該演算法只需於程序完成後取得最終的輸出數值。但是此處的連分數演算法要將一系列的數值集結到串列之中，迴圈較適合這樣的序列集。

執行上述的 continued_fraction 產生函數：

```
print(continued_fraction(105,33,10))
```

會得到下列的執行結果：

```
[3,5,2]
```

在此輸出的數值，與示例 5-3 右邊的關鍵整數，一模一樣。

有時我們會想確認特定的連分數是否正確表達關注的數值。為此，應該定義 get_number() 函數，可將連分數轉換成小數，如示例 5-5 所示。

```
def get_number(continued_fraction):
    index = -1
    number = continued_fraction[index]

    while abs(index) < len(continued_fraction):
        next = continued_fraction[index - 1]
        number = 1/number + next
        index -= 1
    return(number)
```

示例 5-5：將連分數轉換成小數（針對關注的數值處理）

不用在意此函數的內容細節，我們僅是用它檢查連分數。我們可以執行 get_number([3,5,2]) 檢查此函數是否運作正常，輸出結果應 3.181818...，其為 105/33 的另一種表達方式（起初關注的數值）。

從小數到連分數

如果不是以 x/y 作為連分數演算法的輸入，而是從小數開始處理，譬如 1.4142135623330951，那麼會怎樣呢？此時需要做些調整，不過大致可以依循上述連分數版本的相同程序。注意，目標是就以下的表示方式求出字母表中的 a、b、c……：

$$1.4142135623730951 = a + \cfrac{1}{b + \cfrac{1}{c + \cfrac{1}{d + \cfrac{1}{e + \cfrac{1}{f + \cfrac{1}{g + \cfrac{1}{\cdots}}}}}}}$$

求出 a 輕而易舉，直接取得即可——剛好是小數點左側的數值部分。定義此 first_term（該式子的 a 項）與其餘部分：

```
x = 1.4142135623730951
output = []
first_term = int(x)
leftover = x - int(x)
output.append(first_term)
```

如同以往，將連續求出的答案儲存於 output 串列中。

求出 a 之後，針對剩下內容，需要找到某個連分數表示之：

$$0.4142135623730951 = \cfrac{1}{b + \cfrac{1}{c + \cfrac{1}{d + \cfrac{1}{e + \cfrac{1}{f + \cfrac{1}{g + \cfrac{1}{\cdots}}}}}}}$$

做法雷同，取其倒數：

$$\frac{1}{0.4142135623730951} = 2.4142135623730945 = b + \cfrac{1}{c + \cfrac{1}{d + \cfrac{1}{e + \cfrac{1}{f + \cfrac{1}{g + \cfrac{1}{\cdots}}}}}}$$

此時 b 項是這個新項式小數點左邊的整數部分 —— 即為 2。此後反覆進行下列程序：將小數部分取其倒數，求得小數點左邊整數部分……。

以 Python 完成每一回合：

```
next_term = math.floor(1/leftover)
leftover = 1/leftover - next_term
output.append(next_term)
```

可將整個程序放入單一函數中，如示例 5-6 所示。

```
def continued_fraction_decimal(x,error_tolerance,length_tolerance):
    output = []
    first_term = int(x)
    leftover = x - int(x)
    output.append(first_term)
    error = leftover
    while error > error_tolerance and len(output) <length_tolerance:
        next_term = math.floor(1/leftover)
        leftover = 1/leftover - next_term
        output.append(next_term)
        error = abs(get_number(output) - x)
    return(output)
```

示例 5-6：從小數求出對應的連分數

在此，如同以往，包含 `length_tolerance` 項目。我們另外加入 `error_tolerance` 項目，以在得到「足夠接近」確切答案的近似值時，容許退出該演算法。為了確認是否足夠接近，就 `x`（嘗試接近的數值）與目前求得連分數項的小數值，比較兩者的差值。該小數值可用示例 5-5 的 `get_number()` 函數取得。

可以輕易使用上述的新函數：

```
print(continued_fraction_decimal(1.4142135623730951,0.00001,100))
```

輸出結果如下：

```
[1, 2, 2, 2, 2, 2, 2, 2]
```

將此連分數改寫如下（因為該連分數是具有微小誤差的近似值，無法費時計算無限項序列的每個元素，所以使用「約等於」符號表示之）：

$$1.4142135623730951 \approx 1+\cfrac{1}{2+\cfrac{1}{2+\cfrac{1}{2+\cfrac{1}{2+\cfrac{1}{2+\cfrac{1}{2+\cfrac{1}{2}}}}}}}$$

注意，右側的分數對角線部分全是數字 2。在此找出另一個無限連分數的前七項，此連分數的無限展開式全為數字 2。可以將其連分數展開式寫成 [1;2,2,2,2, . . .]。這是 $\sqrt{2}$ 的連分數展開式，此數值也是無理數，不能以整數分數表示，小數位數毫無模式，但有便利簡易而令人難忘的表示方式——連分數。

從分數到根

若讀者對連分數有興趣，建議閱讀拉馬努金（Srinivasa Ramanujan）的相關文獻，他在短暫的人生中，精神徜徉於無窮的邊際，進而為後人帶來值得珍藏的瑰寶。除了連分數，拉馬努金也關注**連續平方根**（*continued square root*），或稱作**多重根號**（*nested radical*）的式子——譬如，下列三個式子皆有無限多重根號：

$$x=\sqrt{2+\sqrt{2+\sqrt{2+\ldots}}}$$

與

$$y=\sqrt{1+2\times\sqrt{1+3\times\sqrt{1+4\times\sqrt{1+\ldots}}}}$$

以及

$$z=\sqrt{1+\sqrt{1+\sqrt{1+\ldots}}}$$

三個式子的結果是：$x = 2$（古老的匿名解答）、$y = 3$（由拉馬努金證明之）、z 竟然是 phi——黃金比例！建議讀者設法想出一種方法，用 Python 產生多重根號表示內容。若無限度的取平方根，則顯然需要關注平方根，不過最終即使只是單獨論述平方根，也是值得的。

平方根

人們認為手持式計算機是理所當然的裝置，但是若思考計算機能夠執行的功能時，實際的表現相當不平凡。例如，在幾何課程學到，正弦是以直角三角形邊長定義：銳角對邊長除以斜邊長。但是，就此正弦定義而言，計算機設置正弦按鈕，按下該按鈕如何立即執行此計算？計算機是否會在其內部構造繪製直角三角形，抽出一把尺測量邊長，將兩邊長相除？對於平方根，我們可能會有這樣的疑問：平方根是平方的逆運算，為此並無直接的閉合算術公式[譯註]可供計算機使用。至此，相信讀者已經猜到答案：有個演算法可以快速算出平方根。

巴比倫演算法

假設需要求出數值 x 的平方根。就任何數學題而言，可以嘗試猜測暨檢驗策略。比方說，對於 x 的平方根，最佳的猜測是某個數值 y。此時計算 y^2，若結果等於 x，解題就算完成（實現罕見一步完成的「幸運猜測演算法」）。

若猜測結果 y 並非 x 的正確平方根，則再猜一次，希望下次猜測可以更接近 x 的正確平方根。巴比倫（Babylonian）演算法有系統的改進此一猜測，直到結果收斂到正確答案。這是簡單的演算法，只需要除法與平均值計算：

1. 針對 x 的平方根，猜測 y 值。
2. 計算 $z = x/y$。
3. 計算 z、y 的平均值。此平均值為 y 的新值（即針對 x 的平方根，新一次的猜測值）。

譯註　求解析解的公式。

4. 重複執行步驟 2、步驟 3，直到 $y^2 - x$ 的結果足夠小。

以上述四個步驟描述巴比倫演算法。相較之下，數學家可能會用一個式子表達上述整個內容：

$$y_{n+1} = \frac{y_n + \frac{x}{y_n}}{2}$$

就此，數學家將依據常見的數學慣例，以連續下標數值描述無限序列，如：$(y_1, y_2, \ldots y_n, \ldots)$。若知道此無限序列的第 n 項，則可以從上面的式子得知第 $n+1$ 項。此序列將收斂到 x，換句話說，$y_\infty = \sqrt{x}$。採取的解法，無論是清晰描述的四步驟或典雅簡潔的數學式子，還是稍後實際撰寫的程式碼，皆為個人愛好問題，但熟悉演算法的所有描述方法，有益無害。

探究下列兩個簡單情況，就能了解巴比倫演算法的效用：

- **若 $\mathbf{y < \sqrt{x}}$**，則 $y^2 < x$，所以 $\frac{x}{y^2} > 1$、$x \times \frac{x}{y^2} > x$。
  但注意，$x \times \frac{x}{y^2} = \frac{x^2}{y^2} = (\frac{x}{y})^2 = z^2$。所以 $z^2 > x$。**如此表示 $\mathbf{z > \sqrt{x}}$**。
- **若 $\mathbf{y > \sqrt{x}}$**，則 $y^2 > x$。所以$\frac{x}{y^2} < 1$、$x \times \frac{x}{y^2} < x$。
  但注意，$x \times \frac{x}{y^2} = \frac{x^2}{y^2} = (\frac{x}{y})^2 = z^2$。所以 $z^2 < x$。**如此表示 $\mathbf{z < \sqrt{x}}$**。

其中刪除上述某些文字，將這兩個情況更簡潔的改寫如下：

- 若 $y < \sqrt{x}$，則 $z > \sqrt{x}$。
- 若 $y > \sqrt{x}$，則 $z < \sqrt{x}$。

相較 x 的平方根正確值而言，若 y 為其低估值，則 z 是其高估值。反之，若 y 為其高估值，則 z 是其低估值。巴比倫演算法的步驟 3 求高估值與低估值的平均值。此平均值將高於低估值、低於高估值，因此，相較猜 y 或 z 的最差情況，該平均值將更接近正確值。經過多回的猜測，逐漸改善估計值，最終可達到 x 的平方根正確值。

平方根（Python 實作）

以 Python 實作巴比倫演算法並不難。定義一個函數，將引數傳入該函數的 x、y、error_tolerance 變數。以 while 迴圈反覆執行，直到誤差足夠小。while 迴圈的每個疊代作業會計算 z，將 y 的新值設為 y 與 z 的平均值（如同前面該演算法描述內容的步驟 2、步驟 3），更新誤差值，其為 $y^2 - x$。示例 5-7 為函數內容。

```
def square_root(x,y,error_tolerance):
    our_error = error_tolerance * 2
    while(our_error > error_tolerance):
        z = x/y
        y = (y + z)/2
        our_error = y**2 - x
    return y
```

示例 5-7：平方根計算函數（巴比倫演算法實作）

注意，巴比倫演算法與梯度上升、外野手演算法有些共同點。全都採取小量而疊代的步驟，反覆執行，直到接近最終目標。這是常見的演算法結構。

檢驗上述平方根函數：

```
print(square_root(5,1,.000000000000001))
```

Python console 將印出數值 2.23606797749979。利用 Python 標準方法 math.sqrt() 檢驗兩者結果是否相同：

```
print(math.sqrt(5))
```

就此，可得到完全相同的輸出結果：2.23606797749979。表示成功完成自己實作的平方根計算函數。倘若讀者受困在荒島上，無法下載 Python 模組（譬如 math 模組），大可放心，你可以自行撰寫譬如 math.sqrt() 這類函數，當然這得感謝巴比倫人的協助，貢獻此一演算法。

亂數產生器

本章至此已論及混沌與其內呈現的秩序。適合用數學處理這類問題，而本節將探討截然相反的目標：在秩序之中找尋混沌。換句話說，要研究如何用演算法建立隨機性。

亂數乃不可或缺之物。電玩用亂數決定遊戲角色的位置與動作，以保有玩家的驚喜感受。數個超強的機器學習方法——其中包括：隨機森林（random forest）、類神經網路（neural network）——極度使用隨機選擇執行適當的運作。強大的統計方法——如：拔靴法（bootstrapping）——也是如此，使用隨機性讓靜態資料集看起來更像混沌世界的樣貌。企業與科學研究所進行的 A/B 測試，將受試者隨機分配至不同測試情況，進而適當比較測試情況的影響結果。亂數需求不勝枚舉；多數技術領域，對於隨機性，有著持續不斷的大量需求。

隨機性的可能情況

對於此巨大需求背後面臨的唯一問題是，不太確定亂數是否確實存在。有些人相信宇宙是決定論的（deterministic）：就像彈性碰撞的撞球一般，若某物移動，其運動是由另一物所引起的，另一物的運動又由其他物所導致，依此類推，此為完全可追溯的運動。若宇宙行為如同桌上的撞球，則知悉宇宙每個粒子目前的狀態，就能明確找出宇宙完整的過去與未來。倘若如此，則任何事件——譬如：中樂透、他鄉遇見失聯已久的友人、被流星擊中——實際上都不是隨機的，儘管可能想要自行想出這些事物，不過這僅僅是一百多億年前宇宙創建之際的完全預先決定結果。如此意味著毫無隨機性，陷入演奏者的鋼琴旋律中無法自拔，看似隨機之事，只是對該事物認知不足的假象。

人們所理解的物理中數學法則與決定論的宇宙吻合，不過其也與非決定論的宇宙相符，後者論述的宇宙中，隨機性確實存在，正如某些人所謂的：上帝「擲骰子」。如此也與「多世界」（many world）情境相符，在此情境中，某事件的每種版本皆可能發生，不過是在（彼此不受影響的）不同宇宙中發生。若設法在宇宙中找到自由意志之處，則物理定律的所有詮釋就更加複雜。被人們所接受的數學物理詮釋並非與數學形式的理解有關，而是取決於人們的哲學傾向——數學上可接受任何立場。

不論宇宙本身是否包含隨機性，筆電就沒有具備——或者至少不預期會有隨機性。電腦本該是完全聽命於人們的僕者，只做人們明確下令該做的事情，何時做、怎麼做皆有明確交代。要求電腦執行視訊遊戲、以隨機森林進行機器學習、管理隨機實驗，就是要求所謂決定性機器產生非決定性內容：亂數。這是不可能做到的要求。

因為電腦無法實現真正隨機性，所以設計能夠產生次等之物的演算法：**偽隨機性**（*pseudorandomness*）。鑒於亂數很重要，所以偽亂數（pseudorandom number）產生演算法非常重要。因為電腦不可能具有真正隨機性（也許在整個宇宙中都不可能有），所以設計偽亂數產生演算法必須非常謹慎，使得其輸出結果盡可能接近真正隨機性。偽亂數產生演算法是否與真正隨機性相似，其判斷方式取決於即將探討的數學定義與理論。

首先說明簡單的偽亂數產生演算法，檢查其輸出內容的隨機程度。

線性同餘產生器

就**偽亂數產生器**（*pseudorandom number generator* 或 *PRNG*）而言，最簡單的一個範例是**線性同餘產生器**（*linear congruential generator* 或 *LCG*）。實作此演算法，必須選擇三個數值，分別為 n_1、n_2、n_3。LCG 從某個自然數（如：1）開始，隨後簡單套用下列式子取得下個數值：

$$next = (previous \times n_1 + n_2) \bmod n_3$$

此為演算法全部內容，可以說只需要一步驟。以 Python 實作時，會將 *mod* 改為 %，完整的 LCG 函數，如示例 5-8 所示。

```
def next_random(previous,n1,n2,n3):
    the_next = (previous * n1 + n2) % n3
    return(the_next)
```

示例 5-8：線性同餘產生器

注意，next_random() 函數是決定性的，即表示：相同的輸入內容，總是會得到同樣的輸出結果。當然在此的 PRNG 必定如此，原因是電腦一直為決定性的。LCG 不會產生真的亂數，而是產生看似隨機的數值（或是**偽亂數**）。

評斷演算法產生偽亂數的能力，將其中多個輸出結果一同檢查可能會有所助益。我們不用每次只取一個亂數，可以改用一個函數匯集整個亂數串列，此函數反覆呼叫方才所建的 next_random() 函數：

```
def list_random(n1,n2,n3):
    output = [1]
    while len(output) <=n3:
        output.append(next_random(output[len(output) - 1],n1,n2,n3))
    return(output)
```

以執行 list_random(29,23,32) 所得的串列為例：

```
[1, 20, 27, 6, 5, 8, 31, 26, 9, 28, 3, 14, 13, 16, 7, 2, 17, 4, 11, 22, 21,
24, 15, 10, 25, 12, 19, 30, 29, 0, 23, 18, 1]
```

要在此串列中找到簡單模式並不容易，如此正好符合所需。值得注意的是，此串列只含有 0 ～ 31 範圍數值。該串列的最後一個元素是 1，與其第一個元素相同。若想要更多亂數，可於串列的最後一個元素（1）之處呼叫 next_random() 函數，擴增串列內容。不過，別忘了，next_random() 函數是決定性的。若擴增串列，將得到串列開頭的重複內容，因為 1 之後緊接的「亂」數始終為 20，然後緊接的亂數始終為 27，依此類推。若持續下去，最終將再次遇到數值 1，串列的內容一直重複出現。出現重複內容之前的這些唯一數值的總量稱作 PRNG **週期**（*period*）。就此，LCG 的週期為 32。

評斷 PRNG 的效用

上述亂數產生法最終會出現重複內容，此一事實是潛在弱點，讓人得以預料接下來的內容為何，這卻是在尋求隨機性的情況下不希望發生的事。假設使用上述 LCG 管理線上博弈輪盤應用程式，其中輪盤有 32 個號碼槽。精明賭徒在觀察輪盤足夠長的時間之後，可能會注意到，獲勝的號碼遵循某個常規模式（每轉 32 回合就會重複出現），將賭注押在每回合確定會獲勝的號碼上，勢必能贏得所有的錢。

精明賭徒試圖在博弈輪盤中獲勝的想法，有益於評估任何的 PRNG。若以真正隨機性管理輪盤，不可能讓賭徒輕易以此方式獲勝。不過，管理輪盤的 PRNG，若出現任何輕微破綻或偏離真正隨機性，都可能被足夠精明的賭徒所利用。即使建構 PRNG 的目的與博弈輪盤無關，也可以問問自己：「若使用此 PRNG 管理輪盤應用程式，會輸光所有的錢嗎？」這種直覺的「輪盤測試」是評斷任何 PRNG 好壞程度的合理標準。倘若輪盤不要轉超過 32 回合，目前的 LCG 可能會通過輪盤測試，然而若超過之後，賭徒可能會注意到輸出結果的重複模式，開始完美準確的下注。LCG 的短週期，使其未能通過輪盤測試。

因此可助於確保 PRNG 具有長週期。但是，如同輪盤只有 32 個號碼槽的案例中，並無決定性演算法的週期可以超過 32。往往判斷 PRNG 是否有**全週期**（*full period*），而非長週期，其原因在此。以產生 `list_random(1,2,24)` 所得的 PRNG 為例：

```
[1, 3, 5, 7, 9, 11, 13, 15, 17, 19, 21, 23, 1, 3, 5, 7, 9, 11, 13, 15, 17, 19,
21, 23, 1]
```

此例的週期是 12，就非常簡單的目的而言，也許夠長，但卻不是全週期，原因是沒有包含其範圍內的每個可能值。精明賭徒可能再度注意到，輪盤始終沒有出現偶數（此外還有選奇數下注的簡單模式），因而增加他們贏錢（從輸家口袋拿錢）的機會。

與長週期、全週期概念相關的是**均勻分布**（*uniform distribution*），其中指的是 PRNG 範圍內每個數值的輸出可能性皆相同。執行 `list_random(1,18,36)` 可得：

```
[1, 19, 1, 19, 1, 19, 1, 19, 1, 19, 1, 19, 1, 19, 1, 19, 1, 19, 1, 19, 1, 19,
1, 19, 1, 19, 1, 19, 1, 19, 1, 19, 1, 19, 1, 19, 1]
```

在此，1、19 各有 50% 的可能性會被 PRNG 輸出，而其他數值被輸出的可能性為 0%。輪盤玩家將可輕易運用這種不均勻的 PRNG。相較之下，`list_random(29,23,32)` 案例中，每個數值（0 ～ 31）被輸出的可能性大約為 3.1%。

我們從評斷 PRNG 的這些數學準則會發現，彼此之間存在某種關係：缺乏長週期或全週期可能是分布不均所導致。就更實際的角度而言，這些數學性質之所以重要，只是因其造成輪盤應用程式賠錢。就大多數情況而論，唯一重要的 PRNG 測試是能否於其中找到特定模式。

然而，用數學或科學語言，很難簡潔確定模式被察覺的能力。因此我們尋找長週期、全週期、均勻分布，將其作為模式察覺提示的標記。當然，上述這些項目並非察覺模式的唯一線索。以 `list_random(1,1,37)` 所示的 LCG 為例。其輸出結果如以下串列：

```
[1, 2, 3, 4, 5, 6, 7, 8, 9, 10, 11, 12, 13, 14, 15, 16, 17, 18, 19, 20, 21,
22, 23, 24, 25, 26, 27, 28, 29, 30, 31, 32, 33, 34, 35, 36, 0, 1]
```

其中具有長週期（37）、全週期（37）、均勻分布（每個數值皆有 1/37 的輸出可能性）。然而，還是可以察覺其中的模式（每一回合數值增 1，直到 36 之後，又從 0 重複出現）。其通過就此設計的數學測試，但肯定沒有通過輪盤測試。

隨機性的測試——Diehard 測試

並沒有單獨一勞永逸的測試可以表明 PRNG 是否存在可利用的模式。研究人員想出許多創意性測試，予以評估亂數集對模式察覺的耐受程度（換句話說，是否可以通過輪盤測試）。*Diehard* 測試即為此類測試集。其中有 12 個 Diehard 測試，每個測試都以不同的方式評估亂數集。通過每個 Diehard 測試的數值集，會被認為與真正隨機性非常相似。其中有個 Diehard 測試——**重疊總和測試**（*overlapping sums test*），取用完整亂數串列，計算串列連續位置的數值總和。這些總和集應該依循某數學模式——俗稱**鐘形曲線**（*bell curve*）。用 Python 實作函數，產生重疊總和串列：

```
def overlapping_sums(the_list,sum_length):
    length_of_list = len(the_list)
    the_list.extend(the_list)
    output = []
    for n in range(0,length_of_list):
        output.append(sum(the_list[n:(n + sum_length)]))
    return(output)
```

針對新建的亂數串列執行此測試：

```
import matplotlib.pyplot as plt
overlap = overlapping_sums(list_random(211111,111112,300007),12)
plt.hist(overlap, 20, facecolor = 'blue', alpha = 0.5)
plt.title('Results of the Overlapping Sums Test')
plt.xlabel('Sum of Elements of Overlapping Consecutive Sections of List')
plt.ylabel('Frequency of Sum')
plt.show()
```

執行 `list_random(211111,111112,300007)` 建立新的亂數串列。該新亂數串列長度夠長，因而對於重疊總和測試有良好的表現。此程式的輸出結果是直方圖，其中記錄觀測總和出現的頻率。若該串列與真的亂數集相似，則預期有些總和較高，有些較低，而預期其中大多數總和可能接近範圍值的中間值。如同描繪輸出結果的圖中所示（圖 5-2）。

瞇眼觀看此圖，形狀似鐘。注意，Diehard 重疊總和測試表明，若測試結果與鍾形曲線非常相似，則該串列將通過測試，數學上，此一曲線為特定重要的曲線（圖 5-3）。

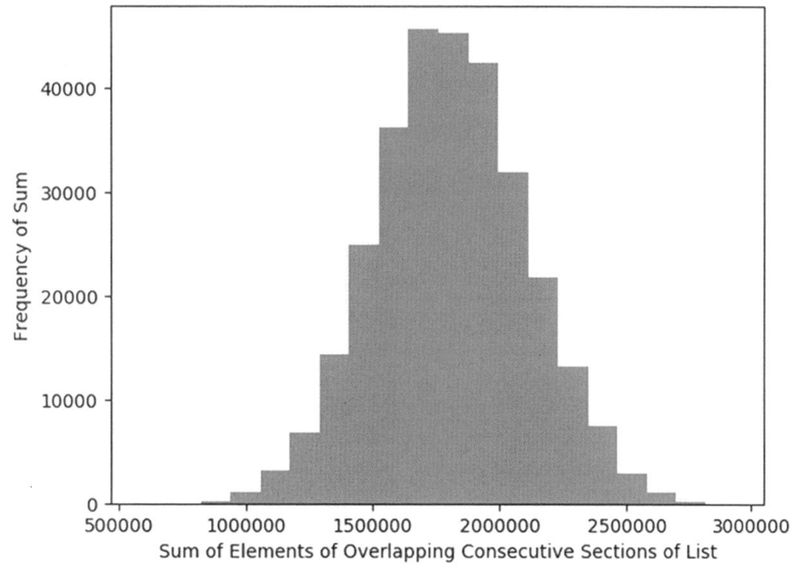

圖 5-2：LCG 重疊總和測試結果

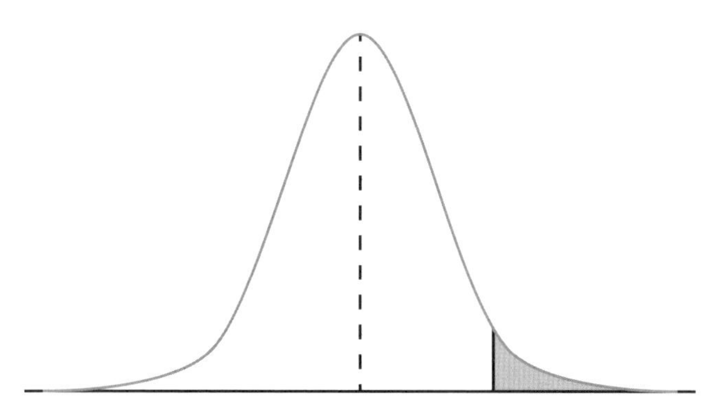

圖 5-3：鐘形曲線或稱作高斯常態曲線（圖片來源：維基共享資源）

鍾形曲線，如同黃金比例，出現在數學與宇宙中許多偶然驚奇之處。就此，將重疊總和測試結果與鍾形曲線的極度相似之處，詮釋為 PRNG 接近真正隨機性的證據。

了解隨機性的深奧數學知識，可協助設計亂數產生器。然而，僅堅持如何賭贏輪盤這樣的常理概念，也可以將結果做到差不多水準。

線性回饋移位暫存器

LCG 的實作並不難，不過對於許多 PRNG 應用來說不夠複雜；精明的輪盤玩家總是可以立刻破解 LCG。接著要討論較先進可靠的演算法——**線性回饋移位暫存器**（linear feedback shift register 或 LFSR），其可以作為 PRNG 演算法進階研究起點。

LFSR 的設計以計算機架構（computer architecture）為考量。就低階角度而言，電腦以一連串的 0 與 1 形式儲存資料，在此的 0 或 1 稱作**位元**（*bit*）。圖 5-4 為長度 10 位元的一串資料。

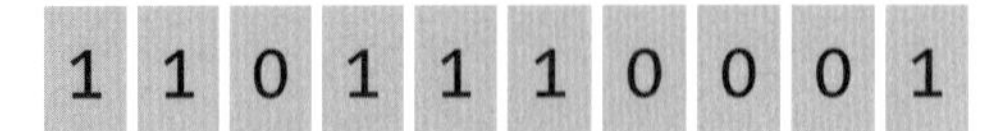

圖 5-4：10 位元的一串資料

以這些位元為例，在此進行簡單的 LFSR 演算法。首先簡單計算位元子集的總和，例如，第 4、6、8、10 位元的總和（當然也可以選擇其他子集的內容）。以此例而言，該總和為 3。不過依據計算機架構只能儲存 0 與 1，因此將此總和做 mod 2 運算，最終以 1 作為此加總結果。隨後將資料串的最右邊位元移除，而將其餘位元逐一往右邊移動一個位置（圖 5-5）。

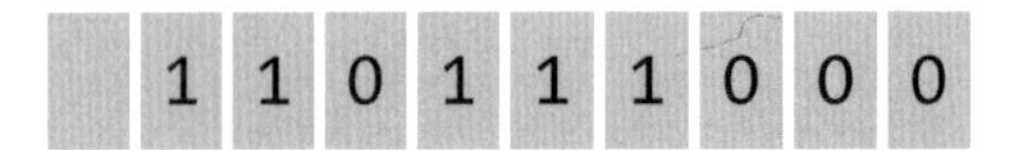

圖 5-5：移除與移位動作執行之後的位元資料

因為移除一個位元，將其他位元移位，所以多出一個空的位元空間，就此應該插入新的位元值。於此插入的位元是方才計算的總和結果。插入之後，即表示位元狀態更新（圖 5-6）。

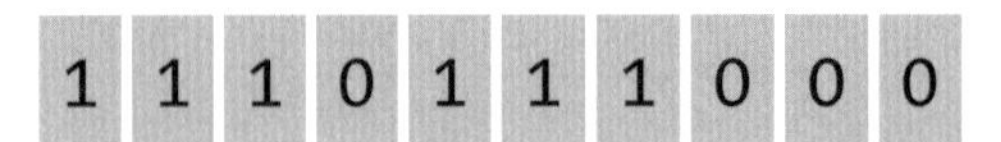

圖 5-6：以特定位元總和更換之後的位元資料

而將方才從右邊移除的位元值作為演算法的輸出內容，即為此演算法應當產生的偽亂數。此時，還產生一組新的 10 位元有序資料，可以再度執行演算法（新回合），如同以往，取得新的偽亂數位元。只要我們願意，就可以反覆進行這個程序。

以 Python 實作回饋移位暫存器，輕而易舉。我們當然不會直接替換硬碟上的個別位元，而是建立位元串列：

```
bits = [1,1,1]
```

我們以一行程式碼定義特定位元的運算結果。因為將總和做 mod 2 運算也稱作**互斥或**（*exclusive OR*）——*XOR* **運算**，所以把結果儲存於 xor_result 變數。若讀者學過形式邏輯（formal logic），可能會碰到 XOR 運算——具有邏輯定義與對等的數學定義；在此我們採用數學定義。因為採用短位元資料串，所以不會計算第 4、6、8、10 位元的總合（在此並無這些位元的存在），而是將第 2、3 位元相加：

```
xor_result = (bits[1] + bits[2]) % 2
```

隨後以實用的 Python 函數 pop() 輕易取出位元串最右邊的元素，將其值儲存於 output 變數：

```
output = bits.pop()
```

因為希望結果位於串列的最左邊，所以我們使用 insert() 函數將總和結果插入位置 0：

```
bits.insert(0,xor_result)
```

此刻將所有內容放入單一函數，該函數將傳回兩個輸出結果：偽亂數位元與 bits 序列的新狀態（示例 5-9）。

```
def feedback_shift(bits):
    xor_result = (bits[1] + bits[2]) % 2
    output = bits.pop()
    bits.insert(0,xor_result)
    return(bits,output)
```

示例 5-9：LFSR 實作函數（達成本節需求目標）

如同之前 LCG 的實作，設計一個函數，用以產生上述輸出位元的完整串列：

```
def feedback_shift_list(bits_this):
    bits_output = [bits_this.copy()]
    random_output = []
    bits_next = bits_this.copy()
    while(len(bits_output) < 2**len(bits_this)):
        bits_next,next = feedback_shift(bits_next)
        bits_output.append(bits_next.copy())
        random_output.append(next)
    return(bits_output,random_output)
```

就此，執行 while 迴圈，直到預期的序列長度（與反覆運作累積的位元序列長度相比）。因為此位元串列有 $2^3 = 8$ 種可能的狀態，所以預期的偽亂數週期最多為 8。實際上，LFSR 往往無法輸出整組為零的結果，因此實務上預期的週期最多為 $2^3 - 1 = 7$。執行下列程式得到所有可能的輸出及其週期：

```
bitslist = feedback_shift_list([1,1,1])[0]
```

不出所料，儲存於 bitslist 的輸出內容是：

```
[[1, 1, 1], [0, 1, 1], [0, 0, 1], [1, 0, 0], [0, 1, 0], [1, 0, 1], [1, 1, 0],
[1, 1, 1]]
```

其中 LFSR 輸出七種可能的位元串，並不包含完全為 0 的資料。在此有個全週期的 LFSR，也有輸出內容呈現均勻分布的結果。若採用更多個輸入位元，其最大週期會呈指數等級成長：以 10 個位元來說，最大週期可能為 $2^{10} - 1 = 1{,}023$，若僅以 20 個位元而論，則為 $2^{20} - 1 = 1{,}048{,}575$。

下列程式碼可取得該簡單 LFSR 產生的偽亂數位元串列：

```
pseudorandom_bits = feedback_shift_list([1,1,1])[1]
```

鑒於此 LFSR 及其輸入的規模簡易，儲存於 `pseudorandom_bits` 的輸出內容看起來相當隨機：

```
[1, 1, 1, 0, 0, 1, 0]
```

各種應用中的偽亂數，可透過 LFSR 產生，其中包括白雜訊（whilte noise 或稱作白噪音）。以上的相關論述，目的是讓讀者淺嚐先進的 PRNG。現今實務上最廣泛運用的 PRNG 是**梅森旋轉演算法**（*Mersenne Twister*），其為回饋移位暫存器的通用改造版——基本上是比本章描述的 LFSR 更為繁複的版本。若讀者深入研究 PRNG，將會遇到大量的卷積內容（convolution）與高等數學，不過一切內容都是基於在此呈現的概念：以嚴格的數學測試評估決定性數學公式仿效隨機性的能力。

本章總結

數學與演算法總是密切相關。其一領域探究越深入，就越能夠接受另一領域的進階概念。數學可能看似神祕而不切實際，但卻是一場漫長遊戲：數學的理論進展有時要到幾個世紀之後才能造就實用技術。本章論述連分數以及用於表示任何數值的連分數產生演算法。也有討論平方根，審視手持式計算機算平方根所採用的演算法。最後討論隨機性，其中包括兩個用於產生偽亂數的演算法，以及用於評估「號稱隨機串列」的數學原理。

下一章將討論最佳化（optimization），其中包括用於環遊世界或鍛鍊刀劍的強大方法。

6

進階最佳化

之前有論及最佳化議題。第 3 章的梯度上升（下降），藉由「登山」找到最大值、最小值。可將任何最佳化問題視為登山議題：在各種可能情況之中，致力找出最好的結果。梯度上升工具簡便，不過有致命弱點：其可協助找到高峰，但是此高峰僅為區域（局部）最佳，而非全域（全部）最佳，以登山作比方，可能引導至小山頂；而只要往下坡稍微移動，就能開始往真正要攀登的大山行進。此議題的處理是進階最佳化中最困難、最關鍵的部分。

本章使用個案研究（case study）探討進階最佳化演算法。將以旅行業務員問題（traveling salesman problem）為例，討論其中數個解法與各自缺點。最後將介紹模擬退火，此為進階最佳化演算法，可以克服其他解法的缺點，達成全域最佳化（而非只是區域最佳化）。

業務員生涯

旅行業務員問題（*TSP*）是電腦科學、組合數學中相當著名的問題。設想，一個旅行業務員想要走訪許多城市，兜售他的商品。基於各種原因——整趟長途旅行之後，影響收支的車子油耗成本，讓他頭疼（圖 6-1）——這是一趟昂貴的跨城市之旅。

圖 6-1：那不勒斯的旅行業務員

TSP 要求決定旅程的城市走訪順序，進而將旅行成本降到最低（最小化）。如同科學中要求最好結果的問題，很容易陳述，卻很難解決。

問題設定

在此用 Python 開始探討。首先隨機產生一張地圖，供業務員走訪之用。其中選擇某數值 N，表示地圖上要走訪的城市數量。比方說：$N = 40$。接著選擇 40 組座標：每座城市對應一個 x 值、一個 y 值。以下使用 numpy 模組執行隨機選擇：

```
import numpy as np
random_seed = 1729
np.random.seed(random_seed)
N = 40
x = np.random.rand(N)
y = np.random.rand(N)
```

在此程式片段中，使用 numpy 模組的 random.seed() 方法。此方法採用傳入的數值，作為其偽亂數產生演算法的「種子」（偽亂數產生演算法的相關論述，可參閱第 5 章）。如此表示，若讀者使用前述片段的同一個種子，將產生與此所示的相同亂數，因此將更容易跟著示例程式學習，也能取得與書中相同的圖形與結果。

隨後將 x 值、y 值組合（zip）成對，建立 cities 串列，其中包含 40 座隨機產生的城市位置座標組。

```
points = zip(x,y)
cities = list(points)
```

若在 Python console 執行 print(cities)，則顯示的串列，內含隨機產生的座標點。每組座標點代表一座城市。在此不特別替城市命名。而是以 cities[0] 表示第一座城市，以 cities[1] 表示第二座城市，依此類推。

針對 TSP 解法的前提，就此已準備就緒。我們提出的第一個解法是簡單走訪所有城市，以 cities 串列呈現的城市順序進行。我們可以定義 itinerary 變數，儲存此串列的走訪順序：

```
itinerary = list(range(0,N))
```

上述程式碼的另一種寫法如下：

```
itinerary = [0,1,2,3,4,5,6,7,8,9,10,11,12,13,14,15,16,17,18,19,20,21,22,23,24,25,26,27,28,29, \
30,31,32,33,34,35,36,37,38,39]
```

其中 itinerary 的數值，是建議走訪城市的順序：首先走訪的是城市 0，接著走訪城市 1，依此類推。

隨後需要評斷此旅程，決定是否屬於妥善或尚可接受的 TSP 解法。別忘了，TSP 要點是將業務員跨城市旅行時所面臨的成本降到最低。那麼何謂旅行成本？其中可以指定所需的任何成本函數：也許某些道路的交通流量較其他道路大，也許有些河流很難穿越，或者可能向北走比向東行更難（或者是反過來說的情況）。不過，先從簡單的情況開始：假設旅行距離 1 單位，需耗費 1 美元成本，不論旅行方向以及不管跨什麼城市旅行都沒有差別。本章不會指明任何距離單位，原因是：不論是英里還是公里（甚至是光年），演算法的運作方式皆一樣。就此，將成本降到最低（最小化）等同於將旅行距離降到最短（最小化）。

為了確定特定旅程所需的距離，需要定義兩個新函數。其中一個函數，將產生連接所有城市位置點的路線集。另一個函數要將這些路線所示的距離加總。在此定義一個空串列，用於儲存路線相關資訊：

```
lines = []
```

接著遍歷旅程的每座城市，於疊代的每個過程中，將新的路線加入 lines 集，此為目前城市與接著走訪城市的連線。

```
for j in range(0,len(itinerary) - 1):
    lines.append([cities[itinerary[j]],cities[itinerary[j + 1]]])
```

若執行 print(lines)，可以明白如何以 Python 儲存路線相關資訊。儲存於串列的每條路線（連線），以相連兩城市的座標表示。例如，執行 print(lines[0]) 可以看到第一條路線的輸出內容：

```
[(0.21215859519373315, 0.1421890509660515), (0.25901824052776146,
0.4415438502354807)]
```

可將上述程式片段放入 genlines() 函數，其為「generate lines」（產生路線）的簡稱，該函數需把引數傳入函數的 cities、itinerary 中，而傳回路線集（內含連接 cities 串列每座城市的路線，連線順序依 itinerary 內容而定）：

```
def genlines(cities,itinerary):
    lines = []
    for j in range(0,len(itinerary) - 1):
        lines.append([cities[itinerary[j]],cities[itinerary[j + 1]]])
    return(lines)
```

此刻，已可產生旅程中兩兩城市相連的路線集，接著設計另一個函數，用於測量這些路線的總距離。起初將總距離定為 0，隨後針對 lines 串列的每個路線元素，將該路線的長度加入 distance 變數中。在此使用畢氏定理算出這些線段長度。

NOTE 以畢氏定理計算地理距離並不完全正確；地球表面彎曲，因此需要更複雜的幾何才能算出地理位置點之間的真正距離。在此忽略這種微小的複雜度，假定業務員可以貫穿地球彎曲地殼，直線行駛，或者住在某個地理全平式幾何烏托邦裡，於此烏托邦中，可用古希臘方法輕易計算距離。尤其針對短距離，以畢氏定理計算的結果，能夠相當接近真正距離。

```
import math
def howfar(lines):
    distance = 0
    for j in range(0,len(lines)):
        distance += math.sqrt(abs(lines[j][1][0] - lines[j][0][0])**2 + \
        abs(lines[j][1][1] - lines[j][0][1])**2)
    return(distance)
```

此函數傳入路線串列，而輸出所有線路長度的總和。此刻完成兩個函數的實作，接著就前述旅程呼叫這些函數，以確定業務員必須旅行的總距離：

```
totaldistance = howfar(genlines(cities,itinerary))
print(totaldistance)
```

執行之後，totaldistance 結果約為 16.81。若讀者使用相同的亂數種子，則應獲得相同結果。若使用不同種子或不同組城市，則結果會略有不同。

為了輔助了解上述結果的含意，我們可以將旅程描繪出來。於此，設計 plotitinerary() 函數：

```
import matplotlib.collections as mc
import matplotlib.pylab as pl
def plotitinerary(cities,itin,plottitle,thename):
    lc = mc.LineCollection(genlines(cities,itin), linewidths=2)
    fig, ax = pl.subplots()
    ax.add_collection(lc)
    ax.autoscale()
    ax.margins(0.1)
    pl.scatter(x, y)
    pl.title(plottitle)
    pl.xlabel('X Coordinate')
    pl.ylabel('Y Coordinate')
    pl.savefig(str(thename) + '.png')
    pl.close()
```

plotitinerary() 函數接受的引數要傳入函數的 cities、itin、plottitle、thename，其中 cities 為要走訪的城市串列，itin 是要繪製的旅程，plottitle 是輸出圖形頂端的標題，thename 是以 png 格式儲存輸出圖形的檔名。該函數使用 pylab 模組繪製圖形，而以 matplotlib 的 collections 模組建置路線集。其中將描繪旅程的城市點與連接城市的路線。

若以 plotitinerary(cities,itinerary,'TSP - Random Itinerary', 'figure2') 繪製旅程，則將產生如圖 6-2 所示的圖形。

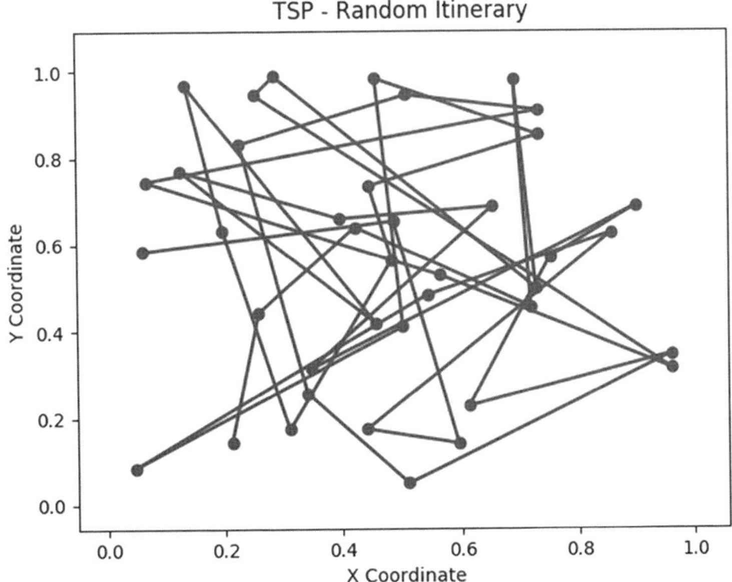

圖 6-2：城市走訪旅程（城市位置為隨機產生的）

也許你從圖 6-2 一眼就看出我們尚未找到 TSP 的最佳解。該旅程讓拮据的業務員，有好幾次都得奔馳至地圖上距離遙遠的城市，但顯然他可以停留於沿途其他鄰近城市而讓結果更好。本章其餘篇幅的焦點是使用演算法找出具有最小旅行距離的旅程。

首先將討論的潛在解法是最簡單而效能最差的解法，隨後討論的一些解法，將增加一點複雜度以獲得大幅度的效能改進。

腦力 vs. 蠻力

在此也許會想到，列出每種可能旅程（各種城市連接組合），進而逐一評估，確認哪個最好。若要走訪三座城市，以下是城市走訪的所有可能路線順序列表：

- 1, 2, 3
- 1, 3, 2
- 2, 3, 1
- 2, 1, 3

- 3, 1, 2
- 3, 2, 1

逐一計算每個旅程的總長度，比較每個結果，評估何者最好，要不了多久的時間。如此稱為**暴力**（*brute force*）法。在此的暴力並非泛指物理暴力，而是以 CPU 的運算能力（或蠻力，並非演算法設計者的腦力）檢查詳盡列表的致力程度，演算法設計者可以找到具有更快執行時間的簡明方法。

有時，暴力法恰巧是正確的方法。其往往易於以程式實作、運作可靠，而主要缺點是執行時間總是不如演算法解，往往比演算法解差。

就 TSP 案例而言，倘若旅行超過 20 座城市時，暴力法所需的執行時間大幅增加，使得該方法難以實用。考量下列論點，明白走訪四座城市（設法找出可能的走訪順序）時，需要檢查多少個可能旅程：

1. 選擇第一座要走訪的城市時，有四個選擇（四座城市尚未被走訪）。因此，選擇第一座城市的走訪方式總共是 4。
2. 選擇第二座要走訪的城市時，有三個選擇（共有四座城市，已經走訪其中之一）。因此，選擇前兩座城市的走訪方式總共為 $4 \times 3 = 12$。
3. 選擇第三座要走訪的城市時，有兩個選擇（共有四座城市，已經走訪其中兩座城市）。因此，選擇前三座城市的方式總共是 $4 \times 3 \times 2 = 24$。
4. 選擇第四座要走訪的城市時，有一個選擇（共有四座城市，已經走訪其中三座城市）。因此，選擇所有四座個城市的方式總共為 $4 \times 3 \times 2 \times 1 = 24$。

於此顯現一個模式：有 *N* 座城市要訪問時，可能旅程總數是 $N \times (N-1) \times (N-2) \times . . . \times 3 \times 2 \times 1$，也寫為 *N!*（稱作「*N* 階乘」）。階乘函數成長相當快速：3! 僅為 6（可輕易使用暴力法，甚至不需要電腦運算能力），而 10! 已超過 300 萬（以現代電腦的暴力足夠應付），18! 超過 6 千兆，25! 超過 15 秭，而 35! 以上，則以當今技術蠻力僅推至可能結果數量的邊際（鑒於目前預計的宇宙壽命而言）。

此一現象稱為**組合爆炸**（*combinatorial explosion*）。組合爆炸並無嚴謹的數學定義，不過其所指的情況是：就排列組合而言，很小的集合造成的可選數量，遠遠超出原集合大小以及使用暴力法所能處理的大小。

例如，連接羅得島州 90 個郵遞區（號）的可能旅程數遠遠大於宇宙原子估計數量（然而羅得島州比宇宙小很多）。同樣的，儘管西洋棋棋盤比羅得島州小得多，不過其產生的可能局面遠多於宇宙的原子數量。這些自相矛盾的情況（其中近乎無限量的結果可以從肯定的疆界中湧現出來），反應出妥善的演算法設計更為重要（單靠暴力法永遠無法找出最難問題的所有解）。組合爆炸意味著必須考量 TSP 的演算法解，因為全世界沒有足夠的 CPU 運算力可以求得暴力解。

最近鄰演算法

接著要研究簡單直覺的方法——**最近鄰**（*nearest neighbor*）演算法。從串列的第一座城市開始走訪。接著只找距離第一座城市最近而尚未走訪城市，作為第二座走訪城市。進行每一步，只是查看位在何處，以及選擇最鄰近而尚未走訪城市，作為旅程中下一座要走訪的城市。如此每一步可將旅行距離最小化，然而可能不會讓旅行總距離最小化。注意，在此並沒有察看每個可能的旅程（如暴力搜尋那樣的作法），而是每一步只找最近鄰。這樣的做法使得執行時間非常快，甚至對於非常大的 N，亦是如此。

最近鄰搜尋（實作）

就此撰寫一個函數，可以找到任何給定城市的最近鄰。假設有個位置點 `point` 與城市串列 `cities`。`point` 與 `cities` 第 `j` 個元素（城市 j）的距離，將使用下列的畢氏公式算出：

```
point = [0.5,0.5]
j = 10
distance = math.sqrt((point[0] - cities[j][0])**2 + (point[1] - cities[j][1])**2)
```

若要找出距離 point 最近的某個 cities 元素（即 point 的最近鄰），需要遍歷 cities 的每個元素，求出 point 與每座城市的距離，如示例 6-1 所示。

```
def findnearest(cities,idx,nnitinerary):
    point = cities[idx]
    mindistance = float('inf')
    minidx = - 1
    for j in range(0,len(cities)):
        distance = math.sqrt((point[0] - cities[j][0])**2 + (point[1] - cities[j][1])**2)
        if distance < mindistance and distance > 0 and j not in nnitinerary:
            mindistance = distance
            minidx = j
    return(minidx)
```

示例 6-1：findnearest() 函數（找出離給定城市最近的城市）

findnearest() 函數設計完成之後，準備實作最近鄰演算法。目標是建立 nnitinerary 旅程。首先以 cities 的第一座城市為業務員開始走訪的起點：

```
nnitinerary = [0]
```

若旅程需要走訪 N 座城市，目標是遍歷 0 ~ $(N - 1)$ 的數值，針對每個數值，找到最近已走訪城市的最近鄰，將此程式加入旅程中。相關實作的函數 donn() 為「do nearest neighbor」（找最近鄰）的簡稱，如示例 6-2 所示。其中從 cities 的第一座城市開始，每一步會將最接近的城市加入最近已新增的城市串列中，直到每座城市皆加入旅程中。

```
def donn(cities,N):
    nnitinerary = [0]
    for j in range(0,N - 1):
        next = findnearest(cities,nnitinerary[len(nnitinerary) - 1],nnitinerary)
        nnitinerary.append(next)
    return(nnitinerary)
```

示例 6-2：donn() 函數實作（可接連找到每座城市最近鄰，進而傳回完整旅程）

檢驗最近鄰演算法效能所需的一切，已準備就緒。接著可以繪製最近鄰旅程：

```
plotitinerary(cities,donn(cities,N),'TSP - Nearest Neighbor','figure3')
```

圖 6-3 顯示最近鄰法的旅程結果。

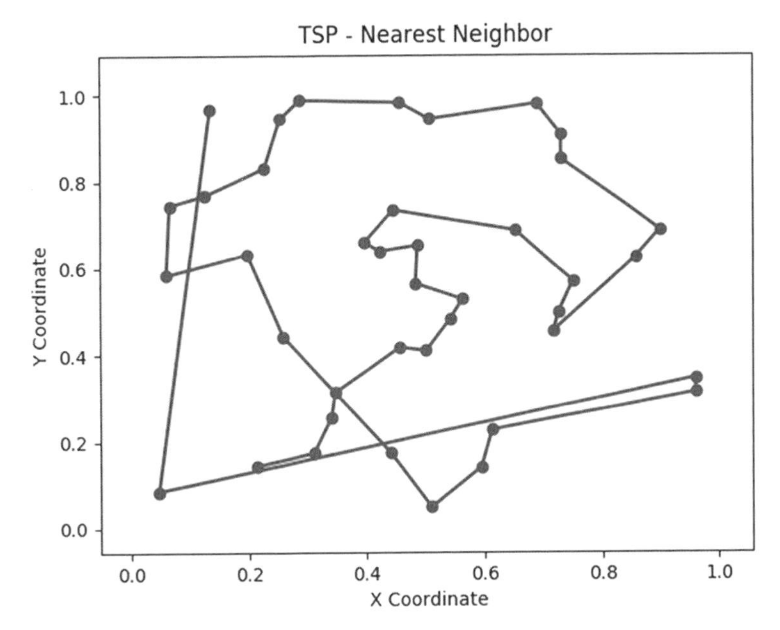

圖 6-3：最近鄰演算法產生的旅程結果

我們可以使用此新旅程，計算業務員必須旅行多遠：

```
print(howfar(genlines(cities,donn(cities,N))))
```

業務員沿著隨機路徑的旅行距離為 16.81，而在最近鄰演算法將距離降至 6.29。別忘了，在此的演算法無單位可言，所以不管 6.29 英里、公里、秒差距（parsec）皆可適用。重點是，結果小於 16.81 英里、公里、秒差距（前述隨機旅程的結果）。此為顯著的改進，所有結果僅源自於一個非常簡單直覺的演算法。圖 6-3 顯示效能明顯改善；遠繞地圖極端城市的旅程較少，彼此相近的城市間短途之旅變多。

改進與檢驗

若仔細觀察圖 6-2 、圖 6-3，讀者也許會想到某些具體的改進可以為之。甚至可以自行嘗試這些改進，進而以 howfar() 函數檢驗這些改進是否有效。例如，也許可以觀察最初的隨機旅程：

```
initial_itinerary = [0,1,2,3,4,5,6,7,8,9,10,11,12,13,14,15,16,17,18,19,20,21,22,23,24,25,26, \
27,28,29,30,31,32,33,34,35,36,37,38,39]
```

可以將城市 6 與城市 30 的走訪順序對調來改善旅程。以問題中數值的對調定義新旅程（以粗體字呈現城市對調內容）：

```
new_itinerary = [0,1,2,3,4,5,30,7,8,9,10,11,12,13,14,15,16,17,18,19,20,21,22,23,24,25,26,27, \
28,29,6,31,32,33,34,35,36,37,38,39]
```

隨後做個簡單比較，檢驗此一對調是否能減少旅程總距離：

```
print(howfar(genlines(cities,initial_itinerary)))
print(howfar(genlines(cities,new_itinerary)))
```

若 new_itinerary 比 initial_itinerary 好，則可能想捨棄 initial_itinerary，留下新旅程。對此，新旅程的總距離約為 16.79，比起最初旅程略有改善。找到小的改進之後，可以再次執行相同程序：選擇兩座城市，交換彼此於旅程中走訪的順序，檢查距離是否縮短。其中可以無限的反覆進行此程序，每一步都期望有合理機會，可以找到減少旅行距離的途徑。重複這個程序多次之後，（希望）可以獲得總距離非常短的旅程。

撰寫一個函數，自動執行此對調暨檢驗程序，並不難（示例 6-3）：

```
def perturb(cities,itinerary):
    neighborids1 = math.floor(np.random.rand() * (len(itinerary)))
    neighborids2 = math.floor(np.random.rand() * (len(itinerary)))

    itinerary2 = itinerary.copy()
```

```
    itinerary2[neighborids1] = itinerary[neighborids2]
    itinerary2[neighborids2] = itinerary[neighborids1]

    distance1 = howfar(genlines(cities,itinerary))
    distance2 = howfar(genlines(cities,itinerary2))

    itinerarytoreturn = itinerary.copy()

    if(distance1 > distance2):
        itinerarytoreturn = itinerary2.copy()

    return(itinerarytoreturn.copy())
```

示例 6-3：旅程小變更函數實作（將新旅程與原旅程相比，傳回較短距離的旅程）

perturb() 函數接受任何城市串列與任意旅程作為引數。其中定義兩個變數：neighborids1、neihborids2，其為隨機選擇的整數，範圍介於 0 與 len(itinerary)-1 兩者之間。隨後建立新旅程 itinerary2，除 neighborids1、neihborids2 所表示的城市走訪順序對調之外，其他內容與原始旅程相同。接著計算 distance1（原旅程的總距離）、distance2（itinerary2 的總距離）。若 distance2 小於 distance1，則傳回新旅程（對調後的旅程）。否則，傳回原旅程。因此，將某個旅程送入此函數，則會傳回與原本一樣好或是更好的旅程。因其擾動既定旅程，試圖改善該旅程，故將此函數稱為 perturb()（擾動）。

此刻針對隨機旅程反覆呼叫 perturb() 函數。事實上，呼叫該函數不止一次（總共 200 萬次），試圖將旅行距離盡可能降到最低：

```
itinerary = [0,1,2,3,4,5,6,7,8,9,10,11,12,13,14,15,16,17,18,19,20,21,22,23,24,25,26,27,28,29, \
30,31,32,33,34,35,36,37,38,39]

np.random.seed(random_seed)
itinerary_ps = itinerary.copy()
for n in range(0,len(itinerary) * 50000):
    itinerary_ps = perturb(cities,itinerary_ps)

print(howfar(genlines(cities,itinerary_ps)))
```

方才實作所謂的**擾動搜尋**（*perturb search*）演算法。其仔細檢查成千上萬個可能旅程，希望找到好的旅程，正如同暴力搜尋一般。然而，這個方法比較好，原因是暴力搜尋盲目顧及每個可能旅程，而此方法是**引導式搜尋**（*guided search*），考量可單調遞減旅行總距離的一組旅程，所以應該是比暴力法快速的好解法。只需要對此擾動搜尋演算法做些微的擴展，即可實作出模擬退火——本章的頂尖演算法。

進入模擬退火程式之前，先來論述之前提及的演算法具有何種改進。另外還要引進溫度函數，以 Python 實作模擬退火的功能。

貪婪演算法

到目前為止，就最近鄰演算法、擾動搜尋演算法而言，皆屬於**貪婪**（*greedy*）演算法類型。貪婪演算法按步進行，每一步皆會做出區域最佳選擇，但若考量所有步時，可能無法到達全域最佳選擇。就最近鄰演算法而言，每一步尋找最接近該步所在位置的城市，而不管其他城市。走訪最近城市是區域最佳選擇，原因是其將所在步位的旅行距離最小化。然而，因為沒有同時顧及所有城市，所以可能不是全域最佳選擇——如此可能導致採用地圖上的奇怪路徑，最終使得總旅程相當長，儘管每一步單獨看起來都不錯，但對業務員而言，整體成本卻顯得昂貴。

「貪婪」意味著追求區域最佳化決策過程的短見。以設法在許多小山的複雜地形找到最高點的問題來說，可以理解針對最佳化問題的貪婪解法，其中「高」點代表較好的（較佳的）解（TSP 的短距離解）而「低」點表示較差的（次佳的）解（TSP 的長距離解）。在許多小山的地形中找最高點的貪婪方法是，一直往上爬，如此可能會登上某個小山頂，而不是最高的山頂。有時較好的做法是繼續走到此小山腳下，進而開始往更重要的山上攀升。因為貪婪演算法只搜尋區域的改進，所以永遠無法往下走，始終處於區域極值的情況。這正是第 3 章所論述的問題。

鑒於上述的理解之後，即可介紹解決問題的想法（貪婪演算法所引起的區域最佳化問題）。這個想法是放棄單純持續往上攀登。就 TSP 而言，有時可能必須擾動較差的旅程，以便之後能夠獲得（可能是）最好的旅程，就像往小山腳下走，最終是為了往大山攀升一樣。換句話說，為了最終能做得更好，最初不得不做得較差。

引進溫度函數

為了最終做得更好而先做差一點，這是得要謹慎處理的微妙任務。若過度熱衷於「有意願做得較差」，則可能每一步都往下坡走，最終到達低點，而非高點。於是需要找到方法，只是稍微做差一些，只能偶爾為之，只有在最終如何做得更好的學習背景下進行。

設想位在許多小山的複雜地形中。從午後些許時候開始有兩小時，找尋整個地形的最高點。假設沒有手錶提示時間，不過我們知道傍晚空氣會逐漸變冷，所以決定以溫度作為找尋最高點所剩時間的大致估計方式。

開始尋找的時候，是外面溫度較高之際，自然願意做開創探索。因為還有很長的時間可以尋找，所以為了更佳了解地形、查看某些新處，稍微往下走的風險並不大。但是，隨著氣溫變冷，離兩小時的結束時間越來越近，此時我們不太願意做廣泛探索，而會細膩專注於改進部分，不想要往下走。

花點時間思考一下上述策略，為何會是到達最高點的最佳方式。之前已經論及為何要偶爾往下走：如此可以避開「區域最佳」結果（或大山旁邊的小山頂）。但是何時該往下走呢？以上述兩小時的最後 10 秒來說。無論身在何處，此刻都應該盡可能直接往上走。最後 10 秒，往下走探索新的小山、尋找新的大山，毫無用處，即使找到一座有望的大山，也沒有時間攀登，若在最後 10 秒出錯，向下滑落，會來不及糾正。因此，最後 10 秒應該直接往上走，而不是考慮向下行的時候。

相較之下，以上述兩小時的開始 10 秒而言。此時，沒有必要直接往上衝。起初，稍微向下探索可以學到最多。如果在這 10 秒之中犯錯，往後會有充足的時間糾正。將有足夠的時間運用其中學到的內容或找到的大山。前 10 秒，最有意願往下走，較不傾向直接向上走。

以同樣的思維，理解這兩小時的其餘時間。若以結束前 10 分鐘來說，比起結束前 10 秒，會有較為緩和的（往上走）意向。因為時間已接近尾聲（倒數 10 秒），所以會積極直接往上走。然而，10 分鐘遠長於 10 秒，所以有些許的意願，稍微往下探索，試圖發現某些有希望的事物。同理，起初 10 分鐘會比開始 10 秒鐘的（往下走）意向緩和。整整兩小時會有個意向坡度（梯度）：起初偶爾願意往下走，然後逐漸增加只向上走的衝勁。

若要以 Python 模擬此情境（針對上述情境建模），可以定義一個函數。始於高溫而有意往下探索，止於低溫而無意向下走。在此的溫度函數相當簡單。函數接受一個引數，會傳入函數的 t 中，其為 time（時間）的簡稱：

```
temperature = lambda t: 1/(t + 1)
```

用 Python console 執行下列程式，可描繪出該溫度函數所呈現的簡單圖形。程式首先匯入 matplotlib 模組內容，接著定義 ts，該變數包含範圍 0 ～ 99 的 t 值。隨後描繪每個 t 值對應的溫度。因為這是假設情況，意在呈現冷卻（降溫）函數的大致樣貌，所以於此同樣不在意單位或精確幅度。因此，以 1 表示最高溫度、0 表示最低溫度，起始時間為 0，終止時間為 99，這些數值不指定任何單位。

```
import matplotlib.pyplot as plt
ts = list(range(0,100))
plt.plot(ts, [temperature(t) for t in ts])
plt.title('The Temperature Function')
plt.xlabel('Time')
plt.ylabel('Temperature')
plt.show()
```

上述程式描繪的圖形如圖 6-4 所示。

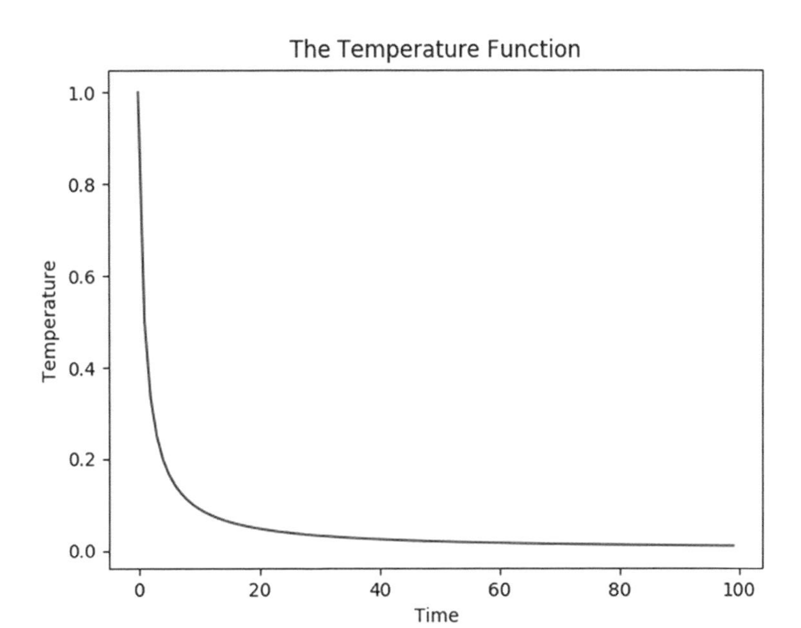

圖 6-4：溫度隨著時間下降

該圖顯示在假設的最佳化期間經歷的溫度。以溫度作為最佳化管理時程表：往下走的意願與已知時間對應的溫度成比例。

此刻我們已具備完整實作模擬退火所需的要素。開始進入正題——對於該主題憑空思考過度之前，趕緊據實深入研究吧。

模擬退火

把上述的想法結合起來：溫度函數、山丘地形的搜尋問題、擾動搜尋演算法、TSP。就 TSP 的背景而言，複雜山丘地形中包含 TSP 的所有可能解。其中可以設想，較佳解對應於地形中較高點，而較差解對應於地形中較低點。運用 `perturb()` 函數，則移動到地形中另一點，希望該點盡可能位在高處。

而以溫度函數作為地形探索指引。起初因高溫而更願意選擇較差旅程。程序將近尾聲時，不太願意選擇較差旅程，而更為聚焦於「貪婪」最佳化。

我們即將實作的演算法——**模擬退火**，是擾動搜尋演算法修改版。主要差異是，模擬退火中，有時願意接受「**增加**旅行距離」這種旅程變更，原因是如此能夠避免區域最佳化問題。接受較差旅程的意願取決於目前溫度。

就最新的變化而修改之前的 perturb() 函數。新增引數傳入 time，此為必須傳給 perturb() 的引數。傳入 time 的引數衡量模擬退火程序進行的程度；該引數從 1 開始，即第一次呼叫 perturb()，接著是 2、3，依此類推，即呼叫 perturb() 多次。另外加一行程式碼指定溫度函數、一行程式碼選擇亂數。若此亂數低於該溫度，則願意接受較差旅程。若此亂數高於該溫度，則不願意接受較差旅程。如此一來，偶爾會接受較差旅程，但不會一直如此，而溫度隨著時間下降，接受較差旅程的可能性也會隨著時間降低。此新函數稱為 perturb_sa1()，其中 sa 是 simulated annealing（模擬退火）的簡稱。示例 6-4 為新函數 perturb_sa1()，內含有上述的變更事項。

```
def perturb_sa1(cities,itinerary,time):
    neighborids1 = math.floor(np.random.rand() * (len(itinerary)))
    neighborids2 = math.floor(np.random.rand() * (len(itinerary)))

    itinerary2 = itinerary.copy()

    itinerary2[neighborids1] = itinerary[neighborids2]
    itinerary2[neighborids2] = itinerary[neighborids1]

    distance1 = howfar(genlines(cities,itinerary))
    distance2 = howfar(genlines(cities,itinerary2))

    itinerarytoreturn = itinerary.copy()

    randomdraw = np.random.rand()
    temperature = 1/((time/1000) + 1)

    if((distance2 > distance1 and (randomdraw) < (temperature)) or (distance1 > distance2)):
        itinerarytoreturn=itinerary2.copy()

    return(itinerarytoreturn.copy())
```

示例 6-4：perturb() 函數更新版（涉及溫度、隨機抽籤）

其中只有增加兩行簡短程式碼、接受一個新引數傳入、一個新的 if 條件判斷式（如示例 6-4 的粗體字所示），此為相當簡單的模擬退火函數。另外稍微改變溫度函數；因為在此呼叫該函數會用非常高的 time 值，所以用 time/1000（而非直接用 time）作為溫度函數分母（引數）的一部分。此時可以比較模擬退火、擾動搜尋演算法、最近鄰演算法的效能：

```
itinerary = [0,1,2,3,4,5,6,7,8,9,10,11,12,13,14,15,16,17,18,19,20,21,22,23,24,25,26, \
27,28,29,30,31,32,33,34,35,36,37,38,39]
np.random.seed(random_seed)

itinerary_sa = itinerary.copy()
for n in range(0,len(itinerary) * 50000):
    itinerary_sa = perturb_sa1(cities,itinerary_sa,n)

print(howfar(genlines(cities,itinerary))) #隨機旅程
print(howfar(genlines(cities,itinerary_ps))) #擾動搜尋
print(howfar(genlines(cities,itinerary_sa))) #模擬退火
print(howfar(genlines(cities,donn(cities,N)))) #最近鄰法
```

可喜可賀！就此能夠執行模擬退火。上述程式執行結果可知，隨機旅程總距離為 16.81，最近鄰旅程總距離為 6.29，如同以往所見。擾動搜尋旅程總距離是 7.38，模擬退火旅程總距離是 5.92。就此發現，擾動搜尋的表現比隨機旅程好，最近鄰法比擾動搜尋、隨機旅程要好，模擬退火的表現勝過其他方法。若嘗試採用其他隨機種子，可能會得到不同結果，譬如模擬退火表現不如最近鄰法的情況。原因是模擬退火為敏感程序，需要依序精確調整多個層面，方能妥善可靠的運作。其調整後的效能，終將明顯優於簡單貪婪的最佳化演算法。本章尾聲將深入探討模擬退火的細節，其中包括如何調整，進而獲得最佳效能。

基於隱喻的萬用啟發式演算法

若知曉模擬退火的起源，就更容易理解其特點。退火是冶金的一道程序，將金屬加熱，再讓金屬逐漸冷卻。金屬加熱之後，其粒子間多數鍵會斷裂。隨著金屬冷卻，粒子間形成新鍵，使得金屬具有不同以往而更為理想的性質。模擬退火乃溫度熱時，以接受較差的解「打破」原狀，期望隨著溫度冷卻，可用做得比之前更好的方式進行修整（此隱喻有如退火的含意）。

上述隱喻有點牽強，不是一般人（非冶金學家）所認為的直覺論述。模擬退火是**基於隱喻的萬用啟發式演算法**（*metaphor-based metaheuristic*）。還有許多基於隱喻的萬用啟發式演算法，採用自然界或人類社會中發覺的現有程序，並找到方式將其調整，以適用於最佳化問題的解決。其中像是：螞蟻演算法（ant colony optimization）、布谷鳥搜尋（cuckoo search）、烏賊最佳化（cuttlefish optimization）、貓群最佳化（cat swarm optimization）、混合蛙跳演算法（shuffled frog leaping）、帝王企鵝演算法（emperor penguins colony）、和弦搜尋（harmony search——基於爵士音樂家即興表演）、雨水演算法（rain water algorithm）等等。然而有某些演算法的比擬過於牽強，用途不大，但有時這些演算法可以就重要問題激發出實際的洞察力。不論是學習上述的任何演算法或是實作相關程式，皆樂趣無窮。

調整演算法

如前所述，模擬退火是敏感的程序。前面介紹的程式是以基本方式實作，然而想要做得更好，在此需要仔細的改進。為了獲得更好的效能，變更演算法的小細節或參數，而不改變其主要方法，這個程序通常稱為**調整**（*tuning*），其可以在類似這種困難情況下產生巨大差異。

前述的 `perturb()` 函數對旅程做了小變更：將兩座城市的走訪順序對調。但這並非擾動旅程的唯一方式。很難事先知悉哪些擾動方法的表現最好，但總是可以嘗試一些方法。

就擾動旅程來說，另一種自然方式是將旅程某部分內容反向走訪：取出某個城市子集，以相反的順序走訪這些城市。用一行 Python 程式碼就可以實作此反向排列動作。以索引變數 `small`、`big` 選擇旅程中兩座城市，下列程式片段說明如何將兩城市之間的所有城市的走訪順序反向排列：

```
small = 10
big = 20
itinerary = [0,1,2,3,4,5,6,7,8,9,10,11,12,13,14,15,16,17,18,19,20,21,22,23,24,25,26,27,28,29, \
30,31,32,33,34,35,36,37,38,39]
itinerary[small:big] = itinerary[small:big][::-1]
print(itinerary)
```

上述程式片段的執行輸出結果顯示，旅程中城市 10 ～ 19 的走訪順序呈反向排列：

```
[0, 1, 2, 3, 4, 5, 6, 7, 8, 9, 19, 18, 17, 16, 15, 14, 13, 12, 11, 10, 20, 21,
22, 23, 24, 25, 26, 27, 28, 29, 30, 31, 32, 33, 34, 35, 36, 37, 38, 39]
```

另一種擾動方法是將旅程某部分抽出來，放到旅程中另外的位置。例如，針對下列旅程：

```
itinerary = [0,1,2,3,4,5,6,7,8,9]
```

將 `[1,2,3,4]` 整個部分放到旅程的後段，變更成為下列的新旅程：

```
itinerary = [0,5,6,7,8,1,2,3,4,9]
```

利用下列 Python 程式片段進行此類的抽移動作，其中會將特定抽選的部分，移動到隨機決定的位置：

```
small = 1
big = 5
itinerary = [0,1,2,3,4,5,6,7,8,9]
tempitin = itinerary[small:big]
del(itinerary[small:big])
np.random.seed(random_seed + 1)
```

```
    neighborids3 = math.floor(np.random.rand() * (len(itinerary)))
    for j in range(0,len(tempitin)):
        itinerary.insert(neighborids3 + j,tempitin[j])
```

就此更新 perturb() 函數，讓該函數可隨機交替使用上述的各種擾動方法。其中利用另一個亂數值（範圍介於 0 與 1 之間）選定。若該新亂數落在某範圍中（比如：0 ～ 0.45），則選用城市子集反向排列的擾動，假若其落在另一範圍（譬如：0.45 ～ 0.55），將選用兩座城市走訪順序交換的擾動。如果落在其他範圍（即：0.55 ～ 1），那麼選用抽移一部分城市的擾動[譯註]。如此一來，perturb() 函數即可隨機交替選用上述的各種擾動。將此隨機選擇內容與各種擾動方式，放入新的函數——perturb_sa2()，如示例 6-5 所示。

```
def perturb_sa2(cities,itinerary,time):
    neighborids1 = math.floor(np.random.rand() * (len(itinerary)))
    neighborids2 = math.floor(np.random.rand() * (len(itinerary)))

    itinerary2 = itinerary.copy()

    randomdraw2 = np.random.rand()
    small = min(neighborids1,neighborids2)
    big = max(neighborids1,neighborids2)
    if(randomdraw2 >= 0.55):
        itinerary2[small:big] = itinerary2[small:big][:: - 1]
    elif(randomdraw2 < 0.45):
        tempitin = itinerary[small:big]
        del(itinerary2[small:big])
        neighborids3 = math.floor(np.random.rand() * (len(itinerary)))
        for j in range(0,len(tempitin)):
            itinerary2.insert(neighborids3 + j,tempitin[j])
    else:
        itinerary2[neighborids1] = itinerary[neighborids2]
        itinerary2[neighborids2] = itinerary[neighborids1]

    distance1 = howfar(genlines(cities,itinerary))
    distance2 = howfar(genlines(cities,itinerary2))

    itinerarytoreturn = itinerary.copy()

    randomdraw = np.random.rand()
    temperature = 1/((time/1000) + 1)
```

譯註 上述各範圍皆為「大於等於下限、小於上限」。

```
    if((distance2 > distance1 and (randomdraw) < (temperature)) or (distance1 > distance2)):
        itinerarytoreturn = itinerary2.copy()

    return(itinerarytoreturn.copy())
```

示例 6-5：使用多種方法擾亂旅程。

目前的 perturb() 函數，更加複雜、更具彈性；依據隨機抽籤機制執行多種方式的旅程變更。彈性不一定是值得追求的目標，複雜度絕對不是應該追求的項目。為了評斷是否值得將複雜度與彈性加諸於此（或於其他情況），就此應該檢查這些內容是否改善效能。這就是調整的本質：如同樂器調音，事先並不知道弦到底要調多緊——必須稍微收緊或放鬆，聽聽樂器聲音，然後進行調整。在此測試這些變更內容（示例 6-5 的粗體字內容）時，你將發現這些程式碼有改善效能（相較之前執行的程式碼而言）。

避免嚴重倒退

模擬退火的整體重點是，需要做得較差，才能做得更好。然而，我們希望避免做出過度糟糕的變更。perturb() 函數的設定方式是，在隨機選擇結果低於某溫度時，接受較差的旅行。在此使用下列的條件式實作（不能單獨執行的程式片段）：

```
if((distance2 > distance1 and randomdraw < temperature) or (distance1 > distance2)):
```

我們可能想要改變該條件式，讓願意接受的較差旅程不僅取決於溫度，還取決於假設的變更內容導致旅程變差的程度。若結果只是稍微差一點，則更願意接受此旅程（相較於造成超差結果的變更內容而言）。為此，我們將於條件式中包括一個衡量內容：新旅程的糟糕程度。下列的條件式能夠達成所求（非單獨執行的程式片段）：

```
scale = 3.5
if((distance2 > distance1 and (randomdraw) < (math.exp(scale*(distance1-distance2)) *
temperature)) or (distance1 > distance2)):
```

將此條件式放入程式中，完整內容如示例 6-6 所示的函數，而此處只呈現 perturb() 函數末尾的部分更新內容。

```
--snip--
# 擾動函數的開頭在此

    scale = 3.5
    if((distance2 > distance1 and (randomdraw) < (math.exp(scale * (distance1 - distance2)) *
temperature)) or (distance1 > distance2)):
        itinerarytoreturn = itinerary2.copy()

    return(itinerarytoreturn.copy())
```

允許重設

進行模擬退火程序時，我們可能無意中接受相當糟糕的旅程變更。在這種情況下，可能有用的處理方法是，記錄目前所見的最佳旅程，就特定條件，能夠重設演算法的旅程為該最佳旅程。示例 6-6 有實作此一需求的程式碼（以粗體字呈現新增內容），此示例為模擬退火的完整擾動函數。

```
def perturb_sa3(cities,itinerary,time,maxitin):
    neighborids1 = math.floor(np.random.rand() * (len(itinerary)))
    neighborids2 = math.floor(np.random.rand() * (len(itinerary)))
    global mindistance
    global minitinerary
    global minidx
    itinerary2 = itinerary.copy()
    randomdraw = np.random.rand()

    randomdraw2 = np.random.rand()
    small = min(neighborids1,neighborids2)
    big = max(neighborids1,neighborids2)
    if(randomdraw2>=0.55):
        itinerary2[small:big] = itinerary2[small:big][::- 1 ]
    elif(randomdraw2 < 0.45):
        tempitin = itinerary[small:big]
        del(itinerary2[small:big])
        neighborids3 = math.floor(np.random.rand() * (len(itinerary)))
        for j in range(0,len(tempitin)):
            itinerary2.insert(neighborids3 + j,tempitin[j])
    else:
        itinerary2[neighborids1] = itinerary[neighborids2]
```

```
        itinerary2[neighborids2] = itinerary[neighborids1]

    temperature=1/(time/(maxitin/10)+1)

    distance1 = howfar(genlines(cities,itinerary))
    distance2 = howfar(genlines(cities,itinerary2))

    itinerarytoreturn = itinerary.copy()

    scale = 3.5
    if((distance2 > distance1 and (randomdraw) < (math.exp(scale*(distance1 - distance2)) * \
temperature)) or (distance1 > distance2)):
        itinerarytoreturn = itinerary2.copy()

    reset = True
    resetthresh = 0.04
    if(reset and (time - minidx) > (maxitin * resetthresh)):
        itinerarytoreturn = minitinerary
        minidx = time

    if(howfar(genlines(cities,itinerarytoreturn)) < mindistance):
        mindistance = howfar(genlines(cities,itinerary2))
        minitinerary = itinerarytoreturn
        minidx = time

    if(abs(time - maxitin) <= 1):
        itinerarytoreturn = minitinerary.copy()

    return(itinerarytoreturn.copy())
```

示例 6-6：擾動函數最終的更新實作（新增重設功能——若後續的步數無法有效改進，則設回之前最佳的旅程）

在此，我們針對目前完成的最短旅行距離、與其相應的旅程、及其相應的時間三者，定義全域變數。若時間進展相當長，而沒有找到比該最短距離旅程更好的結果，則結論是，在這點之後所做的變更是錯誤的，所以將旅程現狀重設為最佳旅程。針對之前最好的結果而言，嘗試過許多擾動而沒有獲得比原本更好的改善時，才會重設，resetthresh 變數決定應該等待多久才能重設。另外我們新增引數，傳入函數的 maxitin 中，表示打算呼叫此函數的總次數，以此引數通知該函數，才能知道目前在此程序中的確切之處。溫度函數也有用到 maxitin，讓溫度曲線可以彈性調整，配合所要執行的多種擾動。時間到了，就會傳回目前為止最好的旅程結果。

測試效能

做了上述的編輯與改進後，我們接著設計 siman() 函數（此為「simulated annealing」的簡稱），此函數將建立全域變數，反覆呼叫最新的 perturb() 函數，最終會得到一個旅程，其旅行距離非常短（示例 6-7）。

```
def siman(itinerary,cities):
    newitinerary = itinerary.copy()
    global mindistance
    global minitinerary
    global minidx
    mindistance = howfar(genlines(cities,itinerary))
    minitinerary = itinerary
    minidx = 0

    maxitin = len(itinerary) * 50000
    for t in range(0,maxitin):
        newitinerary = perturb_sa3(cities,newitinerary,t,maxitin)

    return(newitinerary.copy())
```

示例 6-7：模擬退火函數實作（執行完整的程序以傳回最佳化旅程）

接著呼叫 siman() 函數，將此函數的執行結果與最近鄰演算法的表現相比：

```
np.random.seed(random_seed)
itinerary = list(range(N))
nnitin = donn(cities,N)
nnresult = howfar(genlines(cities,nnitin))
simanitinerary = siman(itinerary,cities)
simanresult = howfar(genlines(cities,simanitinerary))
print(nnresult)
print(simanresult)
print(simanresult/nnresult)
```

上述程式的執行結果顯示，模擬退火函數最終版產生總距離為 5.32 的旅程。相較於最近鄰的 6.29 旅程距離，足足提升 15% 以上。如此可能看起來似乎不盡如人意：用了十幾頁的篇幅盡力處理這些困難概念，結果總距離卻只提升 15% 左右。這個抱怨理所當然，我們可能永遠不需要比最近鄰演算法的效能更好的演算法。但設想，為 UPS、DHL 等全球物流公司的 CEO，提出將旅行成本降低 15% 的方法，當他們想到如此代表數十億美元的績效時，雙眼立刻呈現金錢符號。物流仍然是每家公司高成本、高污染的主因，妥善解決 TSP，勢必產生巨大的實際差異。除此之外，TSP 在學術上也極為重要，是最佳化方法的比較基準，也是進階理論概念的研究途徑。

我們可以執行 `plotitinerary(cities,simanitinerary,'Traveling Salesman Itinerary - Simulated Annealing','figure5')` 描繪旅程內容，作為模擬退火的最終結果。描繪的圖形如圖 6-5 所示。

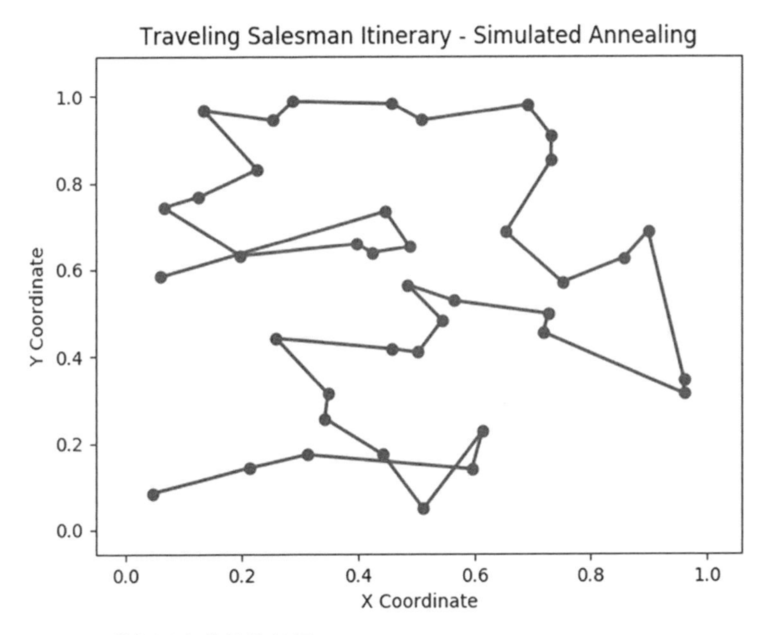

圖 6-5：模擬退火的最終結果

一方面，這不過是隨機產生點及其連線的圖形。另一方面，這是最佳化程序的結果（其中反覆執行數百萬次，在近乎無限的可能性中致力追求完美），而這樣的結果就很美好了。

本章總結

本章討論旅行業務員問題（以此問題作為進階最佳化個案研究）。其中論述此問題的數個解法，包括：暴力搜尋、最近鄰搜尋、模擬退火。最後介紹的模擬退火，是作用強大的解法，為了做得更好而先做差一些。希望藉由解決 TSP 困難案例，讀者能夠從中獲得應用於其他最佳化問題的技能。在商業、科學領域中總是會有進階最佳化的實務需求。

下一章要把焦點轉到幾何，探討幾何運用與建構的強大演算法。繼續探險吧！

幾何

人們對幾何有深層直覺的領會。每當搬動沙發穿越走廊，使用《猜猜畫畫》(*Pictionary*) 畫圖，或判斷高速公路上的車距，皆涉及某種幾何推理，往往取決於不經意就能掌握的演算法。這時，若明白高等幾何本來即適用於演算法推理，就不會為此感到驚訝。

本章將使用幾何演算法解決郵政首長問題（postmaster problem）。開頭先描述該問題，說明如何使用 Voronoi 圖（Voronoi diagram）解決問題。這一章的其餘篇幅則討論此問題的演算法解。

郵政首長問題

設想自己是富蘭克林（Benjamin Franklin），被任命為新國首任郵政首長。當初因國家發展，而隨意建造現存的自立郵局，首長工作是處理這些混亂的部分，造就運作良好的郵政體系。假設某城鎮有四間郵局坐落於住家之間，如圖 7-1 所示。

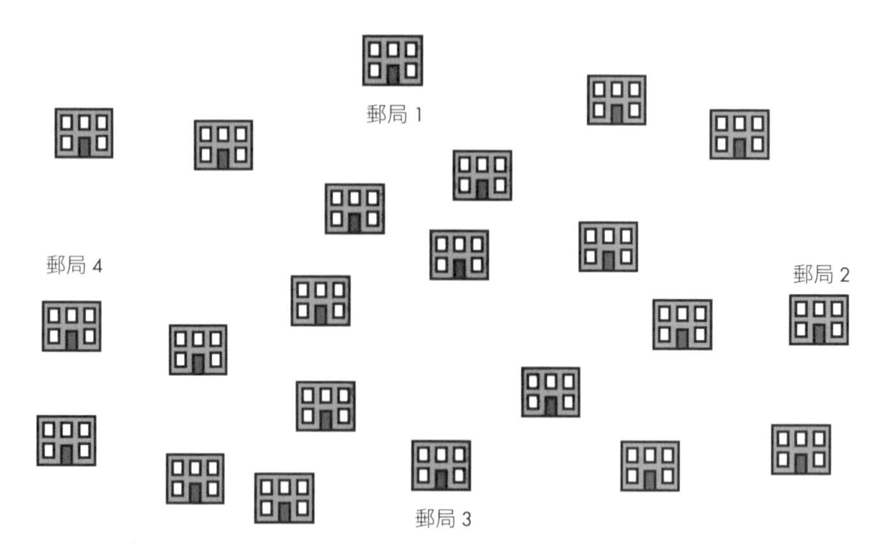

圖 7-1：某城鎮及其內的郵局

該國未曾任用郵政首長，並無監管郵遞的最佳化作業。可能讓郵局 4 負責郵局 2、郵局 3 附近住家的投遞作業，而郵局 2 負責郵局 4 附近住家的投遞工作，如圖 7-2 所示。

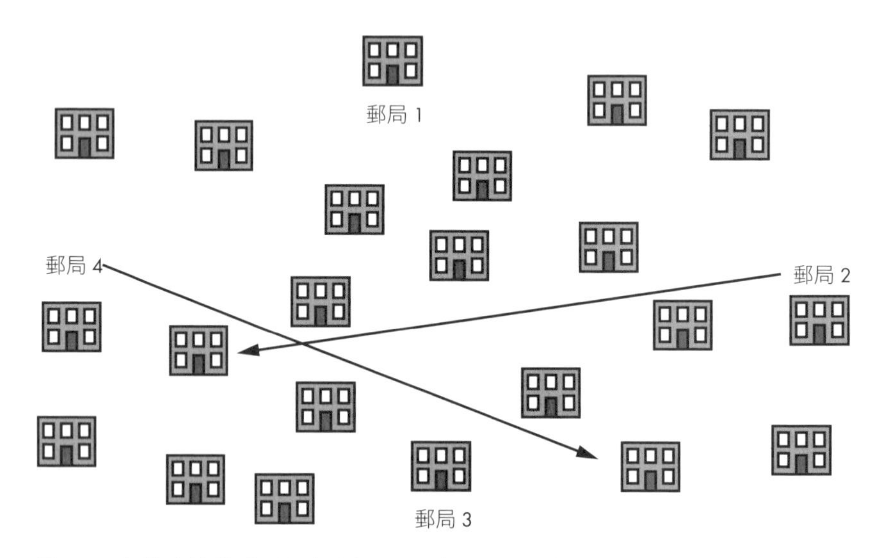

圖 7-2：無效率的郵遞分配（以郵局 2、郵局 4 為例）

身為郵政首長的你可以重新安排郵遞工作，使得每個住家都能收到理想郵局遞送的郵件。針對郵遞分配的理想郵局，也許是擁有最多義工，具有穿越某地區的適當設備，或是具備查找某區所有地址的機構知識。不過很可能，郵遞分配的理想郵局只是最接近住家的那一間。你可能會發現這個郵遞分配問題與旅行業務員問題（TSP）相似，至少就此認知的意義而言，在地圖各處移動物件，期望縮短必須旅行的距離。然而，TSP 是一位旅者針對一個固定路線的順序最佳化問題，而這裡的問題是多位旅者（郵差）針對多個路線的分配最佳化問題。事實上，這個問題與 TSP 可以連貫處理，以獲得最大效益：在決定各間郵局負責哪些住家的郵遞工作之後，每位郵差可以利用 TSP，依各自負責的那些住家，決定住家的郵件投遞順序（走訪順序）。

對於此問題（稱之為**郵政首長問題**），最簡單的解法是，逐一顧及每個住家，計算住家與四間郵局各別的距離，進而決定離住家最近的郵局負責該住家的郵遞工作。

這個方法有幾個弱點。第一、無法針對新房子提供簡單的郵遞分配方法；每間新房子都必須經歷耗時費力的相同比較程序（與現存的每間郵局的距離比較）。第二、就個別房子方面的距離計算無法了解整個區域。例如，也許整個鄰里都位於某間郵局附近，卻離其他郵局有好幾英里遠。最好能夠用一步驟就有結果：整個鄰里應由附近同一間郵局提供服務。然而，上述的方法需要為鄰里的每間房子重複計算，但是每次都會得到相同的結果。

若能以某種方法對整個鄰里、地區做一般化（generalization 或稱作泛化）處理，我們就不需要做「分別計算每間房子的距離」這種重複性工作了。況且這項工作負擔得要累加。以數千萬居民的巨型城市來說，具有現今會出現的大量郵局、會發生的飛快蓋房速度，因此這種方法將引起不應該的遲緩，以及運算資源的重大消耗。

更簡明的方法是考量整個地圖，將其分作不同區域，每個區域代表一間郵局負責的服務區域。我們只要畫兩條直線，就可以對上述假設的城鎮達成所求（圖 7-3）。

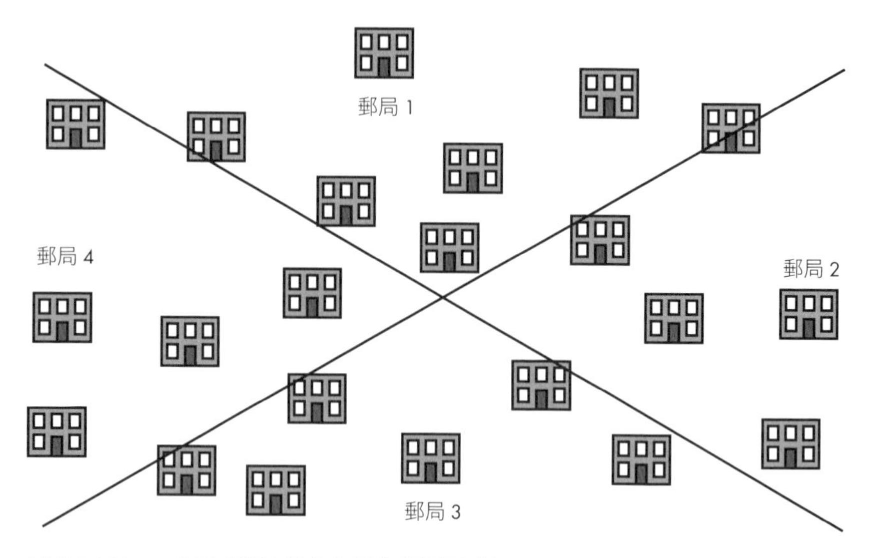

圖 7-3：Voronoi 圖（將城鎮分作最佳郵遞區域）

圖中描繪的區域表示最鄰近的區域，這意味著對於每棟房子、點、像素，最近的郵局就是歸屬於同一個區域的那一間。現在整個地圖被細分了，我們可以檢查新建物位於哪個區域，就能輕鬆將任何新建物交給最近的郵局負責。

如上述做法，將地圖細分為最鄰近區域的圖示稱為 *Voronoi* 圖。Voronoi 圖的歷史久遠，起源可追溯到笛卡兒（René Descartes）時代。曾經用於分析倫敦的水泵位置，進而提供霍亂傳播證據，物理學、材料科學至今仍沿用 Voronoi 圖表示晶體結構。本章將介紹一個演算法——針對任何一組點，產生 Voronoi 圖，進而解決郵政首長問題。

三角形（基礎入門）

在此從要探討的演算法中最簡單元素開始。目前論及的是幾何，其中可分析的最簡單部分是點。將以二元素（x 座標、y 座標）串列表示點，如以下範例所示：

```
point = [0.2,0.8]
```

在進一級別的複雜度中，要將點組合成三角形。將以三點的串列表示三角形：

```
triangle = [[0.2,0.8],[0.5,0.2],[0.8,0.7]]
```

另外還定義輔助函數（helper function），可將相異三個點轉成三角形。這個小函數所做的只是將三點集結成一個串列，把該串列結果傳回：

```
def points_to_triangle(point1,point2,point3):
    triangle = [list(point1),list(point2),list(point3)]
    return(triangle)
```

若能夠將目前的三角形視覺化，將有所助益。以下設計簡單函數，可描繪出任意輸入的三角形。首先使用 genlines() 函數，此為第 6 章所定義的函數。注意，此函數將座標點集轉成線段。當然，這是非常簡單的函數，僅是將點組成 lines 串列：

```
def genlines(listpoints,itinerary):
    lines = []
    for j in range(len(itinerary)-1):
        lines.append([listpoints[itinerary[j]],listpoints[itinerary[j+1]]])
    return(lines)
```

接著設計簡單的繪圖函數。其接受輸入一個三角形，將輸入內容分為 *x*、*y* 值，依據這些值呼叫 genlines() 建立線段集，繪製點、線，將圖形最終結果儲存於指定的 *.png* 檔案中。描繪圖形會用到 pylab 模組，使用 matplotlib 模組的程式碼建立線段集。該函數內容如示例 7-1 所示。

```
import pylab as pl
from matplotlib import collections as mc
def plot_triangle_simple(triangle,thename):
    fig, ax = pl.subplots()

    xs = [triangle[0][0],triangle[1][0],triangle[2][0]]
    ys = [triangle[0][1],triangle[1][1],triangle[2][1]]

    itin=[0,1,2,0]
```

```
thelines = genlines(triangle,itin)

lc = mc.LineCollection(genlines(triangle,itin), linewidths=2)

ax.add_collection(lc)

ax.margins(0.1)
pl.scatter(xs, ys)
pl.savefig(str(thename) + '.png')
pl.close()
```

示例 7-1：三角形繪製函數實作

此刻，選擇三個點，將其轉換成三角形，描繪出來，只要用一行程式碼即可完成：

```
plot_triangle_simple(points_to_triangle((0.2,0.8),(0.5,0.2),(0.8,0.7)),'tri')
```

圖 7-4 為輸出結果圖。

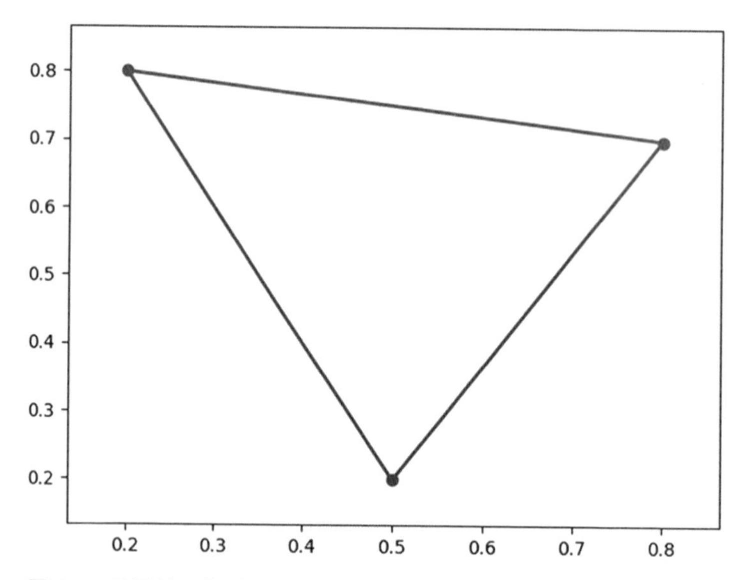

圖 7-4：普通的三角形

另外，以下函數也將派上用場，用於計算任何兩點間的距離（使用畢氏定理）：

```
def get_distance(point1,point2):
    distance = math.sqrt((point1[0] - point2[0])**2 + (point1[1] - point2[1])**2)
    return(distance)
```

在此提示幾何學中一些常見術語的含意：

二等分（**bisect**）：將一線段分成相等兩段。將線段二等分（或稱作平分）求其中點。

等邊（**equilateral**）：意味「等長的邊」。以此術語描述的形狀，其所有邊長皆相等。

垂直（**perpendicular**）：描述兩線夾角呈 90 度的情況。

頂點（**vertex**）：形狀兩邊相交的點。

三角形（進階研究）

科學家暨哲學家萊布尼茲（Gottfried Wilhelm Leibniz）認為，因為我們的世界是「假說最簡單、現象最豐富」（simplest in hypotheses and richest in phenomena），所以是所有世界中最好的一個。他表示，科學定律（law）可以歸納成一些簡單規則（rule），不過這些規則使得人們觀察到的世界，變化萬千而美妙無比。這也許不是宇宙的真面目，但對於三角形世界而言肯定為真。從假說（hypothesis）極其簡單的內容（三「邊」形的構想）開始，準備進入現象極其豐富的世界。

求得外心

準備見識三角形世界的豐富現象，以下列簡單演算法為例，可嘗試將其套用於任何三角形：

1. 求得三角形各邊中點。
2. 從三角形的每個頂點到該頂點對邊中點劃一條線。

執行上述演算法，類似結果如圖 7-5 所示。

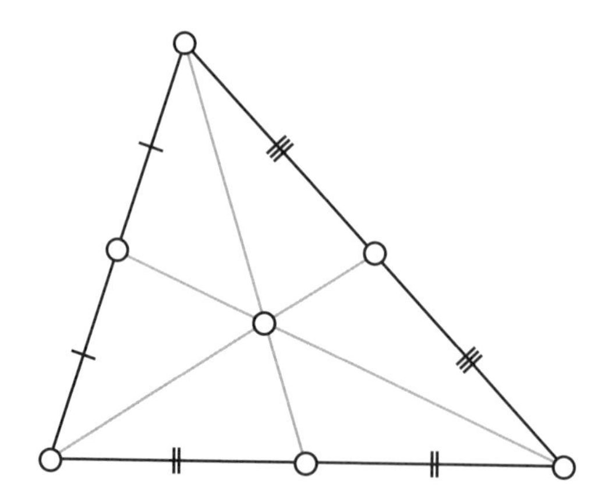

圖 7-5：三角形重心（圖片來源：維基共享資源）

顯而易見的是，圖中所畫的所有線相交於一點，此點看似三角形的「中心」。無論哪種三角形，這三條線皆會相交於一點。此點通常稱為三角形的**重心**（*centroid*），其總是位於三角形內部——看似所謂的三角形中心位置。

某些形狀（譬如圓形），總是有一點，可以肯定將其稱為形狀中心。然而三角形並非如此：重心是接近中心的點，還有其他點也可被視為中心。針對任何三角形，可考量下列新演算法：

1. 將三角形每邊二等分。
2. 從每邊終點劃一條與該邊垂直的直線。

就此演算法而言，這些直線通常不會像描繪重心的直線一樣連到頂點（將圖 7-5 與圖 7-6 相比）。

注意，上述直線皆相交於一點，該點並非重心，不過通常會在三角形內部。該點有個有趣的性質：它是某圓的圓心，而該圓是通過此三角形三頂點的唯一圓形。此為三角形相關的豐富現象：每個三角形都有唯一圓，此圓會通過該三角形三頂點。因為它是該三角形外接的圓形，所以此圓稱為**外接圓**（*circumcircle*）。剛才勾勒的演算法可求得外接圓圓心。因此，所畫的這三條直線相交的點稱為**外心**（*circumcenter*）。

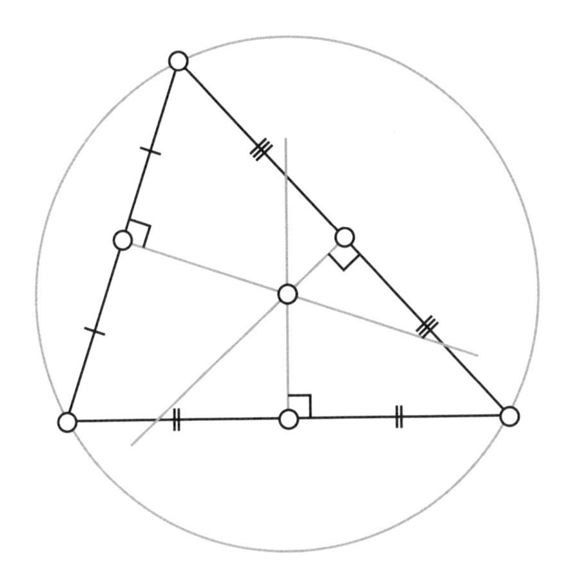

圖 7-6：三角形外心（圖片來源：維基共享資源）

如同重心，外心也可稱為三角形的中心，但兩者並非唯一的中心——百科全書（*https://faculty.evansville.edu/ck6/encyclopedia/ETC.html*）內有 40,000 個（目前為止）點的列表，基於各種原因，這些點都可稱為三角形的中心。正如百科全書所言，就三角形中心的定義，「有無限多個對象（點）滿足定義，其中僅有限多個對象被公布。顯然，從簡單三點、三邊開始，進而編輯出一本關於獨特中心點的無限可能百科全書——相信萊布尼茲會很開心。

在此可以撰寫一個函數，為任意給定的三角形，求其外心與**外接圓半徑**（*circumradius*）。此函數需要複數轉換。其以三角形作為輸入，而以外接圓的圓心與半徑作為輸出傳回：

```
def triangle_to_circumcenter(triangle):
    x,y,z = complex(triangle[0][0],triangle[0][1]), complex(triangle[1][0],triangle[1][1]), \
    complex(triangle[2][0],triangle[2][1])
    w = z - x
    w /= y - x
    c = (x-y) * (w-abs(w)**2)/2j/w.imag - x
    radius = abs(c + x)
    return((0 - c.real,0 - c.imag),radius)
```

該函數計算圓心、半徑的確切細節較複雜。在此不加以贅述，若讀者願意的話，建議自行閱覽相關程式碼。

繪圖功能擴增

此刻，得以求出任何三角形的外心、外接圓半徑，接著要改進 plot_triangle() 函數，讓它能夠將結果描繪出來。更新的函數如示例 7-2 所示。

```
def plot_triangle(triangles,centers,radii,thename):
    fig, ax = pl.subplots()
    ax.set_xlim([0,1])
    ax.set_ylim([0,1])
    for i in range(0,len(triangles)):
        triangle = triangles[i]
        center = centers[i]
        radius = radii[i]
        itin = [0,1,2,0]
        thelines = genlines(triangle,itin)
        xs = [triangle[0][0],triangle[1][0],triangle[2][0]]
        ys = [triangle[0][1],triangle[1][1],triangle[2][1]]

        lc = mc.LineCollection(genlines(triangle,itin), linewidths = 2)

        ax.add_collection(lc)
        ax.margins(0.1)
        pl.scatter(xs, ys)
        pl.scatter(center[0],center[1])

        circle = pl.Circle(center, radius, color = 'b', fill = False)

        ax.add_artist(circle)
    pl.savefig(str(thename) + '.png')
    pl.close()
```

示例 7-2：plot_triangle() 函數改進（可繪製外心與外接圓）

我們先增加兩個新引數傳入函數的兩個變數中：centers 變數（其為所有三角形各自外心組成的串列），與 radii 變數（其為每個三角形外接圓半徑組成的串列）。注意，因為此函數目的是繪製多個三角形（而非一個三角形），所以該函數的兩個引數皆為串列型態。我們將使用 pylab 的畫圓功能繪製這些圓形。之後將同時處理多個三角形。

繪圖函數能夠繪製多個三角形，而非一個三角形，此乃有用的功能。在此繪圖函數中放入迴圈，以該迴圈處理所有三角形及其中心（外心），並接連繪製這些內容。

以下列定義的三角形串列，呼叫上述的函數：

```
triangle1 = points_to_triangle((0.1,0.1),(0.3,0.6),(0.5,0.2))
center1,radius1 = triangle_to_circumcenter(triangle1)
triangle2 = points_to_triangle((0.8,0.1),(0.7,0.5),(0.8,0.9))
center2,radius2 = triangle_to_circumcenter(triangle2)
plot_triangle([triangle1,triangle2],[center1,center2],[radius1,radius2],'two')
```

輸出結果如圖 7-7 所示。

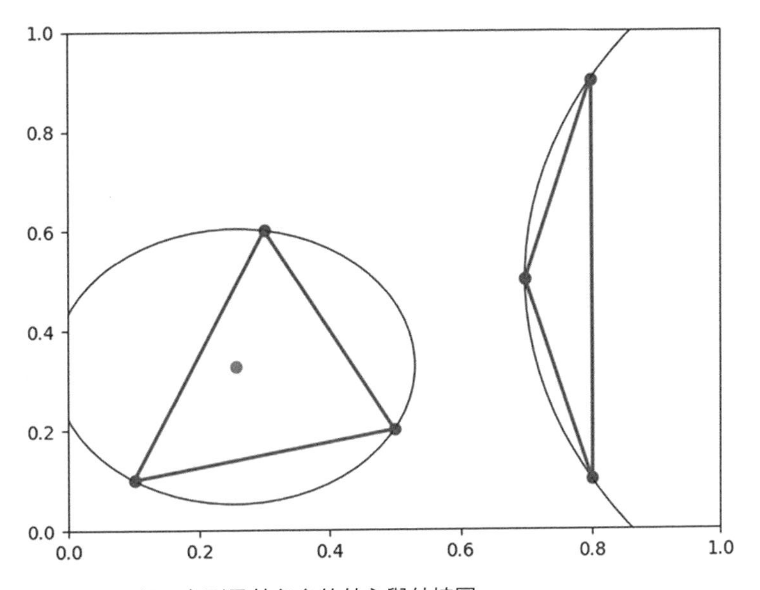

圖 7-7：兩個三角形及其各自的外心與外接圓

注意，第一個三角形接近等邊。其外接圓較小，而外心位於三角形內部。第二個是狹長狀的三角形。其外接圓較大，外心在三角形之外已超出圖框。每個三角形都有唯一的外接圓，不同形狀的三角形造成不同類型的外接圓。對於不同形狀的三角形及其外接圓，值得探究。這些三角形外接圓的差異是後續的重點。

Delaunay 三角化

至此我們已為本章第一個主要演算法做好準備。其以一組點作為輸入，以一組三角形作為輸出結果傳回。就此而言，將一組點轉為一組三角形稱為三角化（*triangulation* 或稱作三角剖分）。

本章開頭定義的 `points_to_triangle()` 函數算是最簡單的三角化演算法。然而，因為僅於輸入三個點方能運作，所以功能相當有限。若要將三點三角化，處理的方法只有一種：輸出由此三點組成的三角形。若要將四個以上的點三角化，處理的方式必然不止一種。譬如，以兩種方式對七點三角化，如圖 7-8 所示。

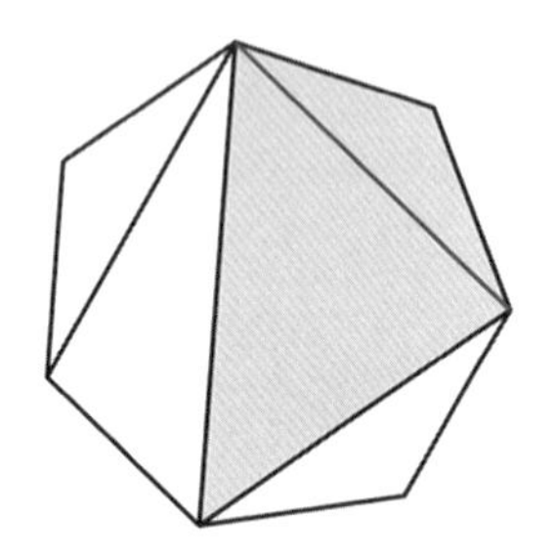

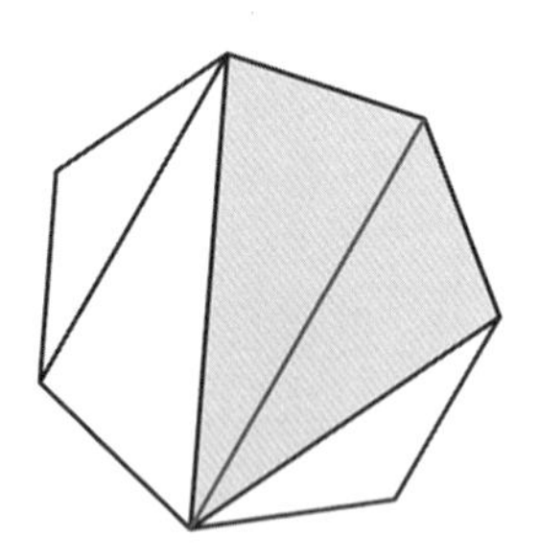

圖 7-8：以兩種方式將七點三角化（圖片來源：維基共享資源）

事實上，有 42 種方式為此正七邊形（七點）三角化（圖 7-9）。

八個以上的點，其位置呈不規則狀，則三角化數量會達驚人的巨量。

我們可以用筆、紙連接各點手動三角化。當然，使用演算法處理之，將會做得更好更快。

有數種三角化演算法。有些具有快速執行時間，有些的作業簡單，還有一些會產生特定需求的三角化內容。在此要論述的是 *Bowyer-Watson* 演算法，其以一組點作為輸入，輸出 Delaunay 三角化結果。

圖 7-9：針對七點的三角化共有 42 種（圖片來源：維基百科）

Delaunay 三角化（*DT*）設法避免狹長三角形，其試圖輸出盡量等邊的三角形。注意，等邊三角形的外接圓相對較小，而狹長三角形的外接圓相對較大。就此，考量 DT 的數學定義：對於一組點，其所有點連成的一組三角形，其中沒有一點會位於任一三角形的外接圓內部。狹長三角形的大外接圓有可能內有其他點，因此所謂任何外接圓內不存在任何點的規則，造成狹長三角形的數量相對較少。若還不知所云，不用擔心——下一節的視覺化內容即可一目了然。

Delaunay 三角化（遞增式產生）

我們的最終目標是撰寫一個函數，該函數接受任何一組點，而輸出完整的 Delaunay 三角化內容。不過，我們先從簡單的內容開始談起：我們要寫一個函數，該函數可輸入現存的 DT（n 個點所組成），以及要加入其中的另外一點，輸出的 DT 則為 $n + 1$ 個點所組成。此「Delaunay 擴展」函數相當接近完整的 DT 函數（能夠撰寫出來的版本）。

NOTE 本節範例與圖片承蒙 *LeatherBee*（*https://leatherbee.org/index.php/2018/10/06/terrain-generation-3-voronoi-diagrams/*）授權引用。

首先，假定已存在由九點構成的 DT（如圖 7-10 所示）。

此時我們想要對該 DT 增加第 10 點（圖 7-11）。

DT 只有一條規則：任何三角形的外接圓內都不能有任何點存在。因此，檢查現存的 DT 中每個三角形的外接圓，確定點 10（第 10 點）是否位於其中任何一個外接圓內。結論是點 10 位於三個三角形的外接圓內（圖 7-12）。

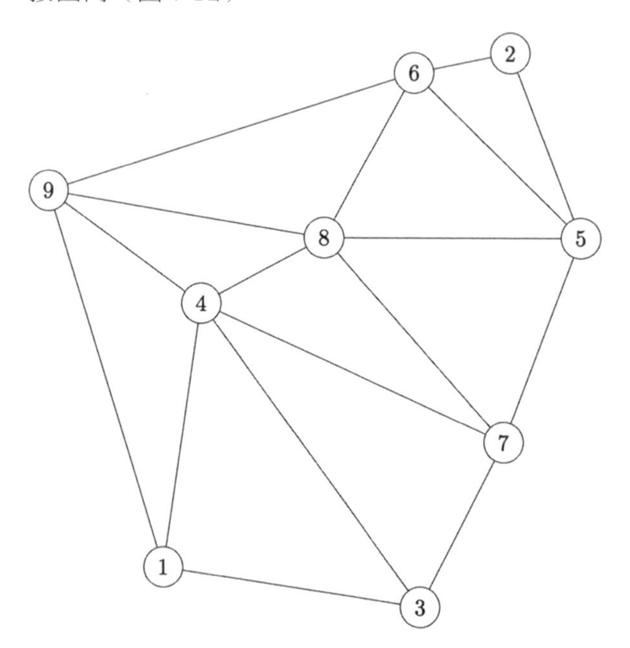

圖 7-10：由九點構成的 DT

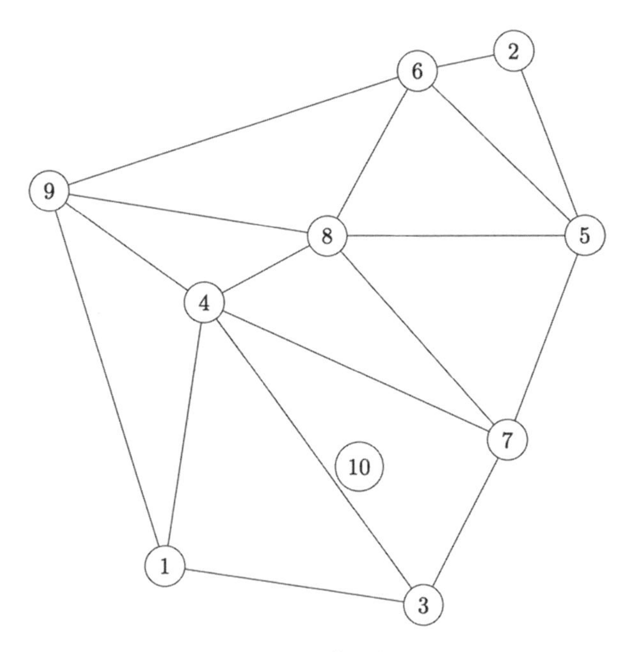

圖 7-11：想要加入第 10 點的「9 點 DT」

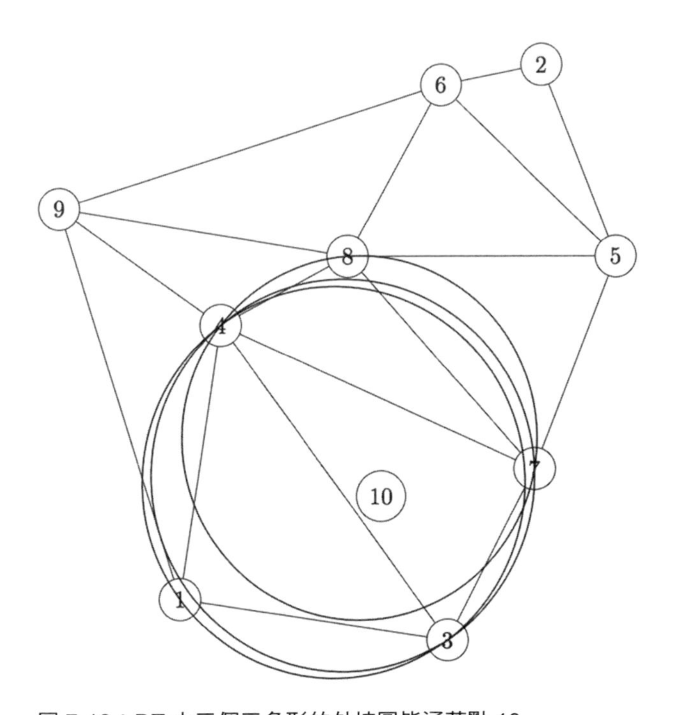

圖 7-12：DT 中三個三角形的外接圓皆涵蓋點 10

因此不允許這三個三角形存在於此 DT 中，所以我們將其移除，更新成圖 7-13。

工作尚未完成。我們需要填補建立過程的缺口，確保點 10 與其他點皆能正確連接。若不這樣做，則不會呈現出一組三角形，而只存在點與線。連接點 10 的方式可簡單描述如下：針對點 10 所在的最大空多邊形（裡面無任何連線的多邊形），將其每個頂點與點 10 各自連線成為三角形的邊（圖 7-14）。

瞧瞧！從 9 點 DT 開始，新加一點，而此刻已是 10 點 DT 。此程序看似簡單。然而，如同幾何演算法時常出現的情況，人眼看似直覺易懂的事物，可能難以寫程式實作出來。不過，身為勇敢的探險家，不該為此而受阻。

Delaunay 三角化（實作）

在此先假定已存在一個 DT，我們將其稱為 delaunay。它只不過是個三角形串列，我們甚至可以先從單一三角形開始處理：

```
delaunay = [points_to_triangle((0.2,0.8),(0.5,0.2),(0.8,0.7))]
```

接著定義待加入 DT 的一點 point_to_add：

```
point_to_add = [0.5,0.5]
```

在此需要先確定現存的 DT 中，有哪些三角形目前是無效的（如果有的話），原因是這些三角形的外接圓涵蓋 point_to_add。相關作業如下：

1. 使用迴圈疊代處理現存 DT 中每個三角形。
2. 針對每個三角形，求其外心及其外心圓半徑。
3. 求 point_to_add 與外心的距離。
4. 若其距離小於此圓半徑，則新點位於該三角形的外接圓內部。因而斷定，此三角形無效，需要從 DT 中移除。

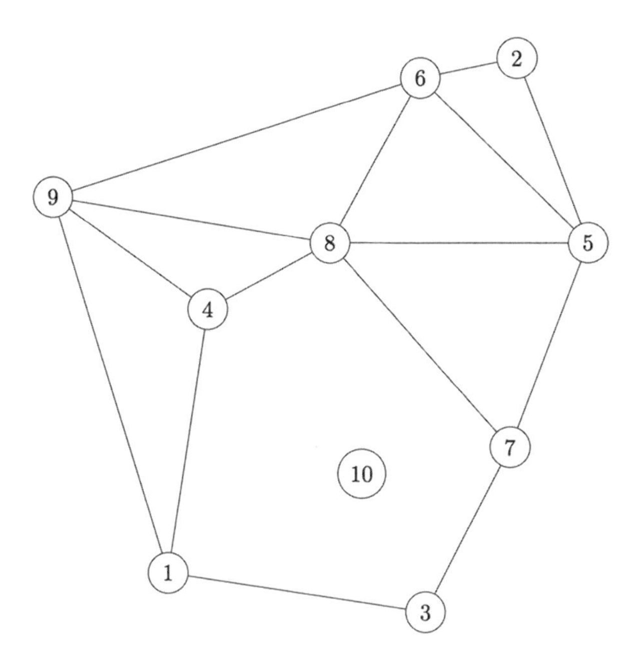

圖 7-13：移除無效的三角形

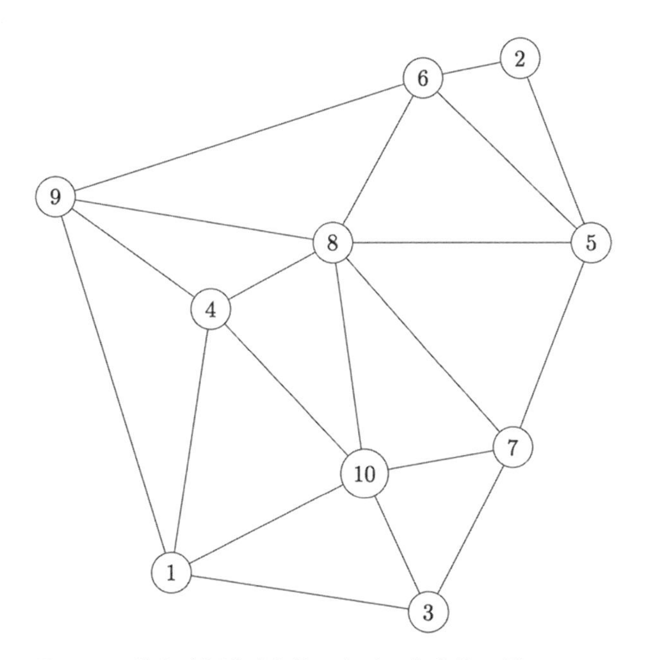

圖 7-14：藉由重新連成有效三角形而完成「10 點 DT」

下列程式片段可以實作上述步驟：

```
import math
invalid_triangles = []
delaunay_index = 0
while delaunay_index < len(delaunay):
    circumcenter,radius = triangle_to_circumcenter(delaunay[delaunay_
index])
    new_distance = get_distance(circumcenter,point_to_add)
    if(new_distance < radius):
        invalid_triangles.append(delaunay[delaunay_index])
    delaunay_index += 1
```

此程式片段建立空串列 invalid_triangles，以迴圈處理現存 DT 裡的所有三角形，檢查其是否無效。其中以 point_to_add 與外心兩者距離是否小於外接圓半徑，作為判斷依據。若三角形無效，則將其放入 invalid_triangles 串列中。

此時就會有個無效三角形串列；因其無效，故將其移除；另外還需要將新三角形加入此 DT 中。如此將有助於整理出無效三角形每個（頂）點的串列，原因是這些點將成為有效新三角形的（頂）點。

隨後的程式片段會移除 DT 中所有無效的三角形，另外取得構成這些無效三角形的（頂）點集。

```
points_in_invalid = []

for i in range(len(invalid_triangles)):
    delaunay.remove(invalid_triangles[i])
    for j in range(0,len(invalid_triangles[i])):
        points_in_invalid.append(invalid_triangles[i][j])

❶ points_in_invalid = [list(x) for x in set(tuple(x) for x in points_in_invalid)]
```

在此先建立 points_in_invalid 空串列。接著以迴圈處理 invalid_triangles，使用 Python 的 remove 方法，將每個無效三角形從現存的 DT 中移除。隨後以迴圈處理三角形所有點，將其加入 points_in_invalid 串列中。最後，由於 points_in_invalid 串列可能有重複加入的點，因此我們使用串列綜合運算❶重建 points_in_invalid，使其保有不重複的內容。

此演算法最後一步是最棘手的步驟。必須加入新三角形取代無效三角形。每個新三角形會取 point_to_add 其中一點作為（頂）點，另外兩（頂）點則從現存的 DT 中取得。然而，如此並無法涵蓋 point_to_add 與兩個現存點的一切可能組合。

注意，圖 7-13 與圖 7-14 中，我們需要加入的新三角形都是以點 10 為其一（頂）點的三角形，而且必須從內含點 10 的空多邊形，擇其一邊作為該三角形的邊。以視覺確認，這似乎不難，但要為此寫程式並不簡單。

我們需要找出簡單的幾何規則，可以輕易以 Python 超文數字（hyper-literal）直譯方式予以詮釋。考量可用於產生圖 7-14 中新三角形的規則。如同數學常見的情況，我們可以找到多個等價的規則集。因為三角形的定義是三點組成的集合，所以其中存在點相關規則。另外也有線段相關規則，原因是三角形的另一等價定義是三線段組成的集合。在此可以使用任何一組規則；只要是最容易理解、簡單實作程式即可。其中一個規則是，應該考量無效三角形頂點與 point_to_add 的各種組合，而對於未含 point_to_add 的邊，剛好只在無效三角形串列中出現一次時，我們才能把上述這種邊所組合的新三角形加入。此規則之所以有效，原因是正好出現一次的邊將為包圍新點之外部多邊形的邊（圖 7-13 中，上述的這種邊為多邊形中 1、4、8、7、3 點所連接的邊）。

下列程式實作該規則：

```
for i in range(len(points_in_invalid)):
    for j in range(i + 1,len(points_in_invalid)):
        #計算無效三角形中任兩點同時出現的次數
        count_occurrences = 0
        for k in range(len(invalid_triangles)):
            count_occurrences += 1 * (points_in_invalid[i] in invalid_triangles[k]) * \
            (points_in_invalid[j] in invalid_triangles[k])
        if(count_occurrences == 1):
            delaunay.append(points_to_triangle(points_in_invalid[i], points_in_invalid[j], \
point_to_add))
```

在此，以迴圈取用 points_in_invalid 每一點。針對取得的每一點而言，用另一個迴圈取用其隨後的點（同樣從 points_in_invalid 取得)。此雙迴圈得以顧及無效三角形中兩點的所有組合。對於每個組合，以迴圈取用所有無效三角形，計算該組合兩點在無效三角形中一同出現的次數。若兩點僅一同出現在一個無效三角形中，則結論是，兩者應該在其中一個新三角形中會一同出現，所以要加入 DT 的新三角形，由此兩點與新點所構成。

將新點加入現存 DT 所需的步驟已完成。因此，我們可以接受內有 n 個點的 DT，對其新增一點，最終得到內有 $n+1$ 個點的 DT。此時，需要學習使用此功能，接受 n 個點的集合，從無到有創建出對應 DT(從零個點處理到 n 個點)。然後由此 DT 出發，實際上非常簡單：只需要以迴圈反覆執行上述程序，從 n 個點進行到 $n+1$ 個點(重複運作直到處理完所有的點)。

還有一種複雜情況。基於稍後討論的原因，想要在待產生 DT 的點集中再新增三個點。這些點位於已選定點外圍遠處，我們可找到左上角的點，加入在其外的新點，針對右下角、左下角用同樣的方式處理加入，如此確認上述這些點。將這些點組合作為 DT 的第一個三角形，從連接三點的 DT 開始：剛才提到的新三角形三點。然後，依照之前所述的邏輯，將三點 DT 變成四點 DT，隨後變成五點 DT，依此類推，直到加入所有點。

示例 7-3 將稍早所寫的程式碼組合起來，設計 gen_delaunay() 函數，其以一組點作為輸入，而輸出完整的 DT。

```
def gen_delaunay(points):
    delaunay = [points_to_triangle([-5,-5],[-5,10],[10,-5])]
    number_of_points = 0


    while number_of_points < len(points): ❶
        point_to_add = points[number_of_points]

        delaunay_index = 0

        invalid_triangles = [] ❷
        while delaunay_index < len(delaunay):
            circumcenter,radius = triangle_to_circumcenter(delaunay[delaunay_index])
            new_distance = get_distance(circumcenter,point_to_add)
            if(new_distance < radius):
                invalid_triangles.append(delaunay[delaunay_index])
```

```
            delaunay_index += 1

        points_in_invalid = [] ❸
        for i in range(0,len(invalid_triangles)):
            delaunay.remove(invalid_triangles[i])
            for j in range(0,len(invalid_triangles[i])):
                points_in_invalid.append(invalid_triangles[i][j])
        points_in_invalid = [list(x) for x in set(tuple(x) for x in points_in_invalid)]

        for i in range(0,len(points_in_invalid)): ❹
            for j in range(i + 1,len(points_in_invalid)):
                #計算無效三角形中任兩點同時出現的次數
                count_occurrences = 0
                for k in range(0,len(invalid_triangles)):
                    count_occurrences += 1 * (points_in_invalid[i] in invalid_triangles[k]) * \
                    (points_in_invalid[j] in invalid_triangles[k])
                if(count_occurrences == 1):
                    delaunay.append(points_to_triangle(points_in_invalid[i], \
points_in_invalid[j], point_to_add))

        number_of_points += 1

    return(delaunay)
```

示例 7-3：DT 產生函數實作（針對一組點傳回 Delaunay 三角化結果）

該完整 DT 產生函數以前述的增加新外部三角形開始。隨後以迴圈取用點集的每一點❶。針對每一點，建立無效三角形串列：DT 中每個三角形的外接圓包含目前處理的點❷。從 DT 中移除這些無效三角形，將這些無效三角形的每個點組成點集❸。此後以這些點，依照 Delaunay 三角化規則加入新三角形❹，完全使用前述的程式碼逐漸完成所求。該函數最終傳回 delaunay 串列，其為構成 DT 所需的三角形集。

於此可以針對任何點集輕易呼叫上述函數，產生對應的 DT。下列程式將指定 N 值，以產生 N 個隨機點（以 x、y 座標值表示）。隨後將 x、y 值組合放入串列中，將其傳給 gen_delaunay() 函數，進而取回儲存在 the_delaunay 變數的完整有效 DT：

```
N=15
import numpy as np
np.random.seed(5201314)
xs = np.random.rand(N)
```

```
ys = np.random.rand(N)
points = zip(xs,ys)
listpoints = list(points)
the_delaunay = gen_delaunay(listpoints)
```

下一節將使用 the_delaunay 產生 Voronoi 圖。

從 Delaunay 到 Voronoi

此刻我們已完成 DT 產生演算法，Voronoi 圖產生演算法則易如反掌。依照下列演算法，可以將一組點轉成 Voronoi 圖：

1. 求一組點所構成的 DT。
2. 取得 DT 中每個三角形的外心。
3. 將 DT 中所有共邊三角形的外心連線。

我們已知如何完成步驟 1（上一節的內容），可以使用 triangle_to_circumcenter() 函數執行步驟 2。所以我們唯一需要的是完成步驟 3 的程式片段。

步驟 3 的程式碼會放在繪圖函數中。注意，我們將一組三角形與外心傳入該函數作為輸入。此程式需要建立外心的連線集合。但是並不會連接所有的外心，只會連接共邊三角形的外心。

在此將三角形以點集（非邊的集合）儲存。不過依然可輕易確認三角形是否共用邊——僅檢查其是否剛好共用兩點就行了；若只共用一點，則有頂點相交，但無共用邊。若共用三點，則為同一個三角形，會有相同外心。程式會以迴圈處理所有三角形，針對每個三角形，會用另一個迴圈再取所有三角形一次，並逐一檢查兩三角形共用點數。若共用點數剛好為二，則會在涉及之三角形的外心增加一條線。外心的連線將是 Voronoi 圖的邊界。下列程式片段顯示如何以迴圈處理三角形，不過此僅為繪圖函數的一部分內容，所以不要直接執行：

```
--snip--
for j in range(len(triangles)):
    commonpoints = 0
    for k in range(len(triangles[i])):
```

```
            for n in range(len(triangles[j])):
                if triangles[i][k] == triangles[j][n]:
                    commonpoints += 1
        if commonpoints == 2:
            lines.append([list(centers[i][0]),list(centers[j][0])])
```

因為最終目標是繪製 Voronoi 圖，所以此程式會被放入繪圖函數中。

就此可以針對繪圖函數加入另外一些功能。新的繪圖函數如示例 7-4 所示，新增的內容以粗體字表示：

```
def plot_triangle_circum(triangles,centers,plotcircles,plotpoints, \
plottriangles,plotvoronoi,plotvpoints,thename):
    fig, ax = pl.subplots()
    ax.set_xlim([-0.1,1.1])
    ax.set_ylim([-0.1,1.1])

    lines=[]
    for i in range(0,len(triangles)):
        triangle = triangles[i]
        center = centers[i][0]
        radius = centers[i][1]
        itin = [0,1,2,0]
        thelines = genlines(triangle,itin)
        xs = [triangle[0][0],triangle[1][0],triangle[2][0]]
        ys = [triangle[0][1],triangle[1][1],triangle[2][1]]

        lc = mc.LineCollection(genlines(triangle,itin), linewidths=2)
        if(plottriangles):
            ax.add_collection(lc)
        if(plotpoints):
            pl.scatter(xs, ys)

        ax.margins(0.1)

    ❶ if(plotvpoints):
            pl.scatter(center[0],center[1])

        circle = pl.Circle(center, radius, color = 'b', fill = False)
        if(plotcircles):
            ax.add_artist(circle)

    ❷ if(plotvoronoi):
            for j in range(0,len(triangles)):
                commonpoints = 0
                for k in range(0,len(triangles[i])):
```

```
                for n in range(0,len(triangles[j])):
                    if triangles[i][k] == triangles[j][n]:
                        commonpoints += 1
            if commonpoints == 2:
                lines.append([list(centers[i][0]),list(centers[j][0])])

    lc = mc.LineCollection(lines, linewidths = 1)

    ax.add_collection(lc)

pl.savefig(str(thename) + '.png')
pl.close()
```

示例 7-4：綜合繪圖函數（描繪三角形、外心、外接圓、Voronoi 圖點及其邊界）

首先，增加新引數傳入，確切指定需要描繪的內容。別忘了，本章涉及點、邊、三角形、外心圓、外心、DT、Voronoi 圖邊界的處理。將這些內容一同描繪出來可能讓人眼花撩亂，因此以 plotcircles 指定是否要繪製外心圓，plotpoints 指定是否要描繪點集，plottriangles 表示是否要繪製 DT，plotvoronoi 指定是否要繪製 Voronoi 圖邊，而 plotvpoints 表明是否要描繪外心（其為 Voronoi 圖邊的頂點）。新增的內容以粗體字呈現。若引數指定想要繪製 Voronoi 圖頂點（外心），則會另外描繪之❶。描繪 Voronoi 圖邊的程式內容較多❷。另外還有一些 if 陳述式依前述引數偏好設定判斷是否要繪製三角形、頂點、外心圓。

至此，幾乎達到可呼叫此繪圖函數的程度（函數呼叫後可觀看最終的 Voronoi 圖）。然而，呼叫前需要取得 DT 中每個三角形的外心。幸好，這並不難達成，我們可以建立 circumcenters 空串列，將 DT 中每個三角形外心加入該串列中：

```
circumcenters = []
for i in range(0,len(the_delaunay)):
    circumcenters.append(triangle_to_circumcenter(the_delaunay[i]))
```

隨後，即可呼叫此繪圖函數，指定所要描繪的 Voronoi 圖邊界：

```
plot_triangle_circum(the_delaunay,circumcenters,False,True,False,True,False,'final')
```

圖 7-15 顯示輸出結果。

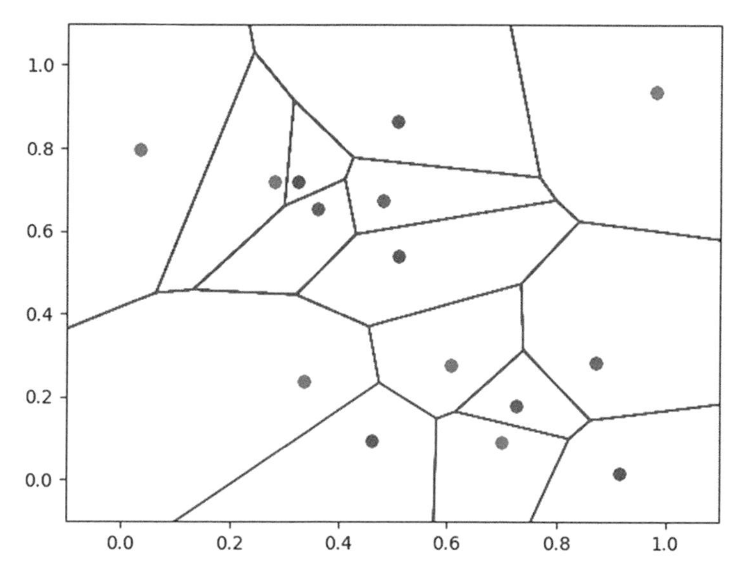

圖 7-15：Voronoi 圖

短短幾秒內就將一組點轉成 Voronoi 圖。此 Voronoi 圖的邊界延伸至圖片的邊緣，若將此圖片尺寸增加，Voronoi 圖邊將順著延伸至更遠。別忘了，Voronoi 圖邊連接 DT 中三角形外心。但是，DT 可能僅連結近圖片中心少數幾點，因此所有外心可能位於圖片中間一區域內。若是如此，該 Voronoi 圖的邊不會延伸至圖片的邊緣。這就是在 `gen_delaunay()` 函數第一行加個外部新三角形的原因；有個三角形，它的頂點遠遠超出圖片區域，因此確信 Voronoi 圖邊能延伸至圖片的邊緣，所以就會知道要決定哪個郵局負責城市邊緣所建的新郊區（城市邊緣之外）的郵遞業務。

最終，讀者可以盡情運用此繪圖函數。例如，若將其中所有輸入引數設置為 `True`，則可以產生本章論及的所有元素，呈現出混亂卻美妙的圖：

```
plot_triangle_circum(the_delaunay,circumcenters,True,True,True,True,True,'everything')
```

輸出結果如圖 7-16 所示。

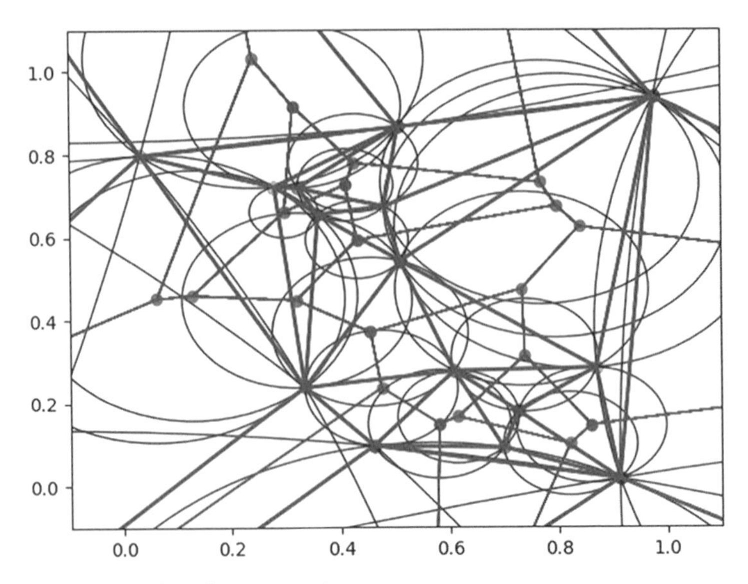

圖 7-16：魔術眼（magic eye）

讀者可以用此圖向室友、家人表示，自己正在 CERN（歐洲核子研究組織），從事最高機密的粒子碰撞分析工作，讓他們信以為真，或者可以用此圖申請藝術研究生獎學金，成為蒙德里安（Piet Mondrian）的精神繼承者。當看到這個 Voronoi 圖及其 DT 與外接圓，可以想到郵局、水泵、晶體結構、Voronoi 圖的任何其他應用。或者可以僅是想到點、線、三角形，陶醉於純粹的幾何樂趣之中。

本章總結

本章介紹幾何推理的程式實作方法。首先繪製簡單的點、線、三角形。後續討論三角形中心的各種求法，以及針對任一組點進行 Delaunay 三角化。最後，採取簡單步驟，以 Delaunay 三角化產生 Voronoi 圖，可用於解決郵政首長問題，或進行其他應用。上述內容，就某些方面來說算是複雜，不過最終歸納為點、線、三角形的基本運用。

下一章要討論可用於語言處理的演算法。尤其是，我們將探討演算法如何修正缺空格的文字（text），以及如何寫程式預測自然語言片語中應該接續的單字。

8

語言

本章要踏入困難的人類語言領域。首先討論語言與數學兩者的差異，即語言演算法棘手之處。

隨後將設計空格插入演算法，此演算法可以處理任何語言文字，於缺空格之處插入空格。接著將設計片語自動完成（**phrase completion**）演算法，該演算法可以模仿作者風格，找到片語中最合適的後續單字。

本章的演算法高度運用兩種工具：串列綜合運算以及語料庫（corpus），前者在之前章節稍微用到，後者至今未曾用過。**串列綜合運算**以迴圈、疊代的邏輯快速產生串列。其在 Python 中已被最佳化，所以能夠迅速執行、寫法簡潔，不過可能不易解讀，對其語法的熟悉需要一些時間。**語料庫**是文字（text）主體，「教導」演算法要採用的語言與風格。

為何語言演算法很難

針對語言的演算法思維應用至少可以追溯到笛卡兒（Descartes）時代，他發現，雖然有無限的數值，不過對算術有基本了解的人都知道如何建立、詮釋從未遇過的數值。譬如，也許讀者從來沒有遇過數值 14,326——未曾計數到這麼高的值；從來沒有讀到這麼多美元的財務報告；從來沒有在鍵盤上正好連續敲到這些按鍵。然而，相信你可以輕易明白該數值到底有多高，哪些數值比它高、比它低，以及如何在式子中就此值做運算。

我們能夠輕易理解始終想也想不到的數值，如此的演算法只是依序記憶的 10 個數字（0 ～ 9）與位置系統的組合。譬如：14,326 比 14,325 多一，原因是數字 6 依序位於數字 5 之後那一個，兩者於各自數值中位在同個位置，兩數值中其他位置的數字皆相同。知曉數字與位置系統就能夠立即了解 14,326 與 14,325 的相似程度，以及兩者大於 12、小於 1,000,000。我們也可以立刻知道，14,326 與 4,326 就某些方面來說有相似之處，但兩者大小差異甚多。

語言就不一樣。若正在學英文，第一次看到單字 *stage*，並不能僅依其相似於 *stale*、*stake*、*state*、*stave*、*stade*、*sage*，就確實推斷其含意，即使這些單字與 *stage* 的差距，大約等同於 14,326 與 14,325 的差距（差一），也無法明確知悉。也不能以單字的音節數、字母（字元）數而確切認定 bacterium（細菌）大於 elk（麋鹿）。甚至所謂的確切語言規則，結果可能也是嚴重謬誤——如英文加 *s* 為複數形，而推論「princes」（王子）單字所表示的內容比「princess」（公主）單字所指的內容少。

為了使用語言處理演算法，我們必須讓語言更精簡，使得目前已探討的簡短數學演算法能夠可靠處理語言；或者讓演算法更敏捷，進而能夠應付人類語言（油然而生）的棘手複雜度。本章選擇後者加以探討。

空格插入

設想自己在老牌大公司擔任演算法長，該公司倉庫裡堆滿手寫紙本紀錄。紀錄數位化部門主管持續進行一項長期專案，將這些紙本紀錄掃描儲存於影像檔中，然後使用文字辨識技術將影像轉換為文字，進而能夠輕易將該文字內容儲存於公司資料庫中。然而，有些紙本紀錄的字跡潦草，文字辨識技術未臻完善，因此由紙本紀錄擷取的數位文字結果，有時並不正確。就此只有數位化文字（未提供紙本原文），而被要求找出方法修正錯誤。

假設以 Python 讀取第一個數位化句子，發現是源自卻斯特頓（G.K.Chesterton）的一段話：「The one perfectly divine thing, the one glimpse of God's paradise given on earth, is to fight a losing battle— and not lose it.」（非常神聖的事情，一瞥上帝賜予地球的天堂，即是奮力打場毫無勝算的仗——而非放棄作戰）。在此將這段數位化不完全的文字儲存於 text 變數中：

```
text = "The oneperfectly divine thing, the oneglimpse of God's paradisegiven
on earth, is to fight a losingbattle - and notlose it."
```

注意，text 為英文文字，每個單字雖然拼寫正確，不過句子多處缺少空格：oneperfectly 應為 one perfectly，paradisegiven 應該是 paradise given……。（就人類而言，句子少空格並不常見，但文字辨識技術經常會發生這樣的錯誤。）於是必須在此文字的適當位置插入空格予以修正。對於英語流利的人來說，手動完成這項工作似乎不難。然而，設想針對數百萬頁掃描資料，需要快速完成這項作業，顯然需要演算法完成所求才行。

定義單字串列與尋找單字

就此要做的第一件事是教演算法一些英文單字。這並不難：其中定義 word_list 串列，將單字加入其中。起初只填入幾個單字：

```
word_list = ['The','one','perfectly','divine']
```

本章將使用串列綜合運算建立、處理串列，熟悉串列綜合運算的語法之後，你也許會愛用它。下列是非常簡單的串列綜合運算，用於複製 word_list：

```
word_list_copy = [word for word in word_list]
```

其中 for word in word_list 語法與 for 迴圈語法非常類似。不過在此不用冒號或額外的程式碼。以此為例，串列綜合運算特別簡單，只是指明新串列 word_list_copy 需要 word_list 中的每個單字。如此可能用處不大，但隨後可以簡潔增加邏輯，使其更加有用。譬如，若想要尋找單字串列中內含字母 *n* 的所有單字，只需簡單增加 if 陳述式即可：

```
has_n = [word for word in word_list if 'n' in word]
```

執行 print(has_n) 可看到下列預期的結果：

```
['one', 'divine']
```

本章稍後內容將有更複雜的串列綜合運算，其中包括巢狀迴圈（nested loop）。然而，這些內容都依循相同的基本模式：以 for 迴圈指定疊代作業，使用 if 陳述式描述可選內容的邏輯（針對串列的最終輸出結果而定）。

在此將匯入 Python 的 re 模組，使用其中的文字處理工具。re 的 finditer()，此一有用函數，能夠在 text 中，搜尋 word_list 的任何單字，找出單字所在位置。我們可在串列綜合運算中使用 finditer()：

```
import re
locs = list(set([(m.start(),m.end()) for word in word_list for m in re.finditer(word, text)]))
```

該行程式碼有點緊湊，需要花時間搞懂。於此定義 locs 變數，其為「locations」（位置）的簡稱；此變數的內容是，單字串列中所有單字在 text 中的位置。此處我們使用串列綜合運算取得該位置串列。

串列綜合運算位於中括號內（[]）。其中以 for word in word_list 疊代作業取用 word_list 的每個單字。針對每個單字，呼叫 re.finditer()，於 text 中搜尋該單字，將發現此單字的各個位置以串列集結傳回。接著疊代作業取用這些位置，將每個位置儲存於 m 中。取得該單字於 text 的某個位置，是分別使用 m.start()、m.end() 得到單字所在的開頭位置、結尾位置，將兩處組合表示之。請注意並試著習慣——for 迴圈的流程順序，有些人認為在此的順序與其預期的相反。

整個串列綜合運算被 list(set()) 包裹。此乃獲得含有不重複元素串列的慣用方式。上述的串列綜合運算單獨運作時，可能具有多個相同元素，而在此的慣用方式將運算結果轉成集合（set）資料，會自動刪除重複內容，再以所需的格式轉回串列：即單字位置不重複的串列。你可以執行 print(locs) 顯示整個運算結果：

```
[(17, 23), (7, 16), (0, 3), (35, 38), (4, 7)]
```

在 Python 中，如上述的有序成對資料稱為**元組**（*tuple*），這些元組表示 world_list 每個單字在 text 中出現位置。例如，執行 text[17:23]（使用上述串列中第一個元組的數值），找到的是 divine。在此 d 是 text 的第 17 個字元，i 是 text 的第 18 個字元，依此類推，e ——即 divine 最後一個字母——是 text 的第 22 個字元，所以該元組以 23 結尾。讀者可以檢查，其他元組是否也對應 word_list 單字的所在位置。

注意，text[4:7] 是 one，text[7:16] 是 perfectly。單字 one 的結尾剛好是單字 perfectly 的開頭，兩者之間無空格。若沒有閱讀文字立即察覺，則可以檢查 locs 變數的元組 (4, 7)、(7, 16)：因為 7 是 (4, 7) 的第二個元素，也是 (7, 16) 的第一個元素，由此得知「一個單字的結尾位置」與「另一個單字開頭位置」兩者的索引值相同。為了得知何處必須插入空格，我們需要找到下列情況：「一個有效單字的結尾」與「另一個有效單字的開頭」位於相同位置。

處理複合詞

然而，接連出現的兩個有效單字間沒有空格，並不足以作為缺空格的證據。以 *butterfly*（蝴蝶）單字為例，其中 *butter*（奶油）、*fly*（蠅）皆為有效單字，但是不能必然斷定 *butterfly* 寫錯，理由是 *butterfly* 也為有效單字。因此，不只要檢查接連出現的有效單字間沒有空格的情況，還需要就此情況檢查單字合在一起時不會形成另一個有效單字。如此表示，就前述的 text 來說，需要檢查 oneperfectly、paradisegiven 等等是否為單字。

檢查作業需要找出 text 的所有空格。可以檢視位於兩空格間的所有子字串，將這些內容稱為可能單字。若這些可能單字不在單字串列中，則結論為：其是無效的。另外可以檢查每個無效單字，確認是否為兩個較短單字組成；若是如此，則結論為：兩者間有缺個空格，應在該兩個有效單字間補上此空格（該二字組合會形成無效單字）。

確認空格間的可能單字

再度使用 re.finditer()，此時要找出 text 的所有空格，將這些空格儲於 spacestarts 變數中。另外將兩個元素加入該變數裡：一個為 text 開頭位置，另一個是其結尾位置。因為開頭與結尾出現的單字並非位於兩空格間的單字，所以如此確保找出所有可能單字。此外加上一行程式碼，用於排序 spacestarts 串列：

```
spacestarts = [m.start() for m in re.finditer(' ', text)]
spacestarts.append(-1)
spacestarts.append(len(text))
spacestarts.sort()
```

串列 spacestarts 記錄 text 的空格位置。我們可以使用串列綜合運算與 re.finditer() 工具取得這些位置。在此，re.finditer() 找出文字中每個空格位置，並將其儲存於串列中，該串列的每個元素以 m 表示。針對每個 m 元素（即空格），使用 start() 函數取得空格的起始位置。我們要尋找這些空格間的可能單字。用另一個串列記錄空格後續字元的位置，有其助益；其為每個可能單字首個字元的位置。因為就專業術語而言，此新串列是 spacestarts 串列的仿射轉換（affine transformation），所以該串列以 spacestarts_affine 稱之。**仿射**（*affine*）常用於表示線性轉換，像每個位置加 1，如上述所為。此外也要排序該串列：

```
spacestarts_affine = [ss+1 for ss in spacestarts]
spacestarts_affine.sort()
```

接著可以取得兩空格間的所有子字串：

```
between_spaces = [(spacestarts[k] + 1,spacestarts[k + 1]) for k in range(0,len(spacestarts) - 1 )]
```

在此建立 between_spaces 變數，其為（**子字串開頭位置，子字串結尾位置**）形式的元組（譬如：(17, 23)）串列。我們利用串列綜合運算獲得這些元組。此串列綜合運算疊代取用 k。就此，k 是 0 ～ (len(spacestarts) - 2) 的整數值，對於每個 k 會產生一元組，該元組第一個元素是 spacestarts[k]+1，其為每個空格位置隨後的第一個位置。而元組的第二個元素是 spacestarts[k+1]，其為 text 的下一個空格位置。最終輸出結果包含的元組，即為空格間每個子字串的開頭與結尾。

此時，考量空格間的所有可能單字，找出無效單字（未出現在單字串列的單字）：

```
between_spaces_notvalid = [loc for loc in between_spaces if \
text[loc[0]:loc[1]] not in word_list]
```

between_spaces_notvalid 為 text 中無效的可能單字位置串列：

```
[(4, 16), (24, 30), (31, 34), (35, 45), (46, 48), (49, 54), (55, 68), (69,
71), (72, 78), (79, 81), (82, 84), (85, 90), (91, 92), (93, 105), (106, 107),
(108, 111), (112, 119), (120, 123)]
```

上述程式以為這些位置皆為無效單字。但是，若查看此處所指的一些單字，似乎是有效單字。

例如，text[103:106] 輸出的有效單字為 and。程式認為 and 無效的原因是，其未出現在單字串列中。當然，可以手動將此字加入單字串列之後，繼續使用此方法運作，讓程式得以辨識該單字。不過別忘了，在此想要此空格插入演算法處理數百萬頁的掃描文字，其中可能含有數千個不同單字。若能匯入內含大量有效英文單字的單字串列，將事半功倍。這類的單字集稱為**語料庫**（*corpus*）。

匯入語料庫檢查有效單字

幸好，有現成的 Python 模組能夠匯入完整的語料庫，只要幾行程式碼即可達成目的。首先需要下載語料庫：

```
import nltk
nltk.download('brown')
```

下載 nltk 模組的 brown 語料庫。接著匯入該語料庫：

```
from nltk.corpus import brown
wordlist = set(brown.words())
word_list = list(wordlist)
```

匯入此語料庫之後，將其單字集轉為 Python 串列。然而，使用此新 word_list 之前，應該做些清理，刪除原本以為是單字而實際上卻是標點符號的元素：

```
word_list = [word.replace('*','') for word in word_list]
word_list = [word.replace('[','') for word in word_list]
word_list = [word.replace(']','') for word in word_list]
word_list = [word.replace('?','') for word in word_list]
word_list = [word.replace('.','') for word in word_list]
word_list = [word.replace('+','') for word in word_list]
word_list = [word.replace('/','') for word in word_list]
word_list = [word.replace(';','') for word in word_list]
word_list = [word.replace(':','') for word in word_list]
word_list = [word.replace(',','') for word in word_list]
word_list = [word.replace(')','') for word in word_list]
word_list = [word.replace('(','') for word in word_list]
word_list.remove('')
```

上述程式碼使用 remove()、replace() 函數，將標點符號換成空字串，然後刪除這些空字串。此刻完成一個妥善的單字串列，能夠更準確辨識無效單字。我們可以使用新的 word_list 重新執行無效單字的檢查，進而取得更好的結果：

```
between_spaces_notvalid = [loc for loc in between_spaces if \
text[loc[0]:loc[1]] not in word_list]
```

此時印出 between_spaces_notvalid 串列，將得到較簡短、更準確的串列：

```
[(4, 16), (24, 30), (35, 45), (55, 68), (72, 78), (93, 105), (112, 119), (120, 123)]
```

目前已找出 text 中無效的可能單字，接著檢查單字串列中是否有單字能夠組合成無效單字。首先尋找空格後續的單字。這些單字可能是無效單字的前半部：

```
partial_words = [loc for loc in locs if loc[0] in spacestarts_affine and \
loc[1] not in spacestarts]
```

上述串列綜合運算取用 locs 變數的每個元素（此變數包含 text 中每個單字位置）。檢查單字開頭 loc[0] 是否位於 spacestarts_affine（此為內含空格後續字元的串列）中。接著檢查 loc[1] 是否不在 spacestarts 中，即檢查單字結尾處是否為空格處。若空格後續的單字，其結尾處非空格位置，則將此單字放在 partial_words 變數中，原因是這可能是個單字，需要在其之後插入空格。

接著尋找以空格結尾的單字。其可能是無效單字的後半部。就此要對前述的邏輯做些微變更：

```
partial_words_end = [loc for loc in locs if loc[0] not in spacestarts_affine \
and loc[1] in spacestarts]
```

此時可以開始插入空格。

找出可能單字的前半部與後半部

首先針對 oneperfectly 插入一個空格。就此定義 loc 變數，其儲存 oneperfectly 所在位置（以 text 而言）：

```
loc = between_spaces_notvalid[0]
```

此時需要檢查 partial_words 中是否有單字為 oneperfectly 前半部。針對有效單字為 oneperfectly 前半部而言，在 text 中，其與 oneperfectly 必定會有相同的開頭位置，但兩者的結尾位置不一樣。依此撰寫串列綜合運算，找出這類有效單字（與 oneperfectly 結尾位置不同的所有單字）的結尾位置：

```
endsofbeginnings = [loc2[1] for loc2 in partial_words if loc2[0] == loc[0] \
and (loc2[1] - loc[0]) > 1]
```

於此指定 loc2[0] == loc[0]，表示有效單字與 oneperfectly 兩者起始位置必定一樣。另外指定 (loc2[1]-loc[0])>1，其確保找到的有效單字長度超過一個字元。這並非絕對必要，但可以協助避免誤判情況（false positive）。以 *avoid*、*aside*、*along*、*irate*、*iconic* 這類單字為例，其中第一個字母可能被視為一個單字，但或許不該如此視之。

endsofbeginnings 串列應該包括每個有效單字結尾位置（這些單字與 oneperfectly 有相同的開頭位置）。使用串列綜合運算建立類似的變數——beginningsofends，就此將找出每個有效單字的開頭位置，這些單字與 oneperfectly 有一樣的結尾位置：

```
beginningsofends = [loc2[0] for loc2 in partial_words_end if loc2[1] == loc[1] and \
(loc2[1] - loc[0]) > 1]
```

於此指定 loc2[1] == loc[1]，表示有效單字與 oneperfectly 兩者結尾位置必定相同。另外指定 (loc2[1]-loc[0])>1，其確保找到的有效單字長度超過一個字元。如同之前所為。

至此幾乎快達成目標了；還需要查明是否有任何位置同時存在於 endsofbeginnings 與 beginningsofends 兩者之中。如果有的話，意味著此無效單字的確為兩個有效單字（之間無空格）的組合。可以使用 intersection() 函數找出兩個串列並存的所有元素：

```
pivot = list(set(endsofbeginnings).intersection(beginningsofends))
```

此時再度使用 list(set()) 語法；如同以往，為了確保串列含有不重複的值。將運算結果放入 pivot。pivot 會有兩個以上的元素。如此表示有三個以上的有效單字組合（皆可構成同一個無效單字）。若此情況成立，則必須決定哪個組合為原文內容（作者原意）。但選擇的結果可能不明確。例如，以無效單字 *choosespain* 為例。此無效單字可能源於伊比利亞（Iberia）旅遊書——「Choose Spain!」（選擇西班牙！），但也可能來自被虐狂的論述——「chooses pain」（選擇痛苦）。因為英文單字數量龐大，組合的方式不計其數，所以有時無法確定何者正確。較複雜的方法是考量上下文——*choosespain* 附近的其他單字是與橄欖、鬥牛有關，還是與鞭子、過多牙醫預約有關。諸如此類的方法難以做得好，更不可能做到完美，如此再次闡明語言演算法通常會有難度。就上述範例而言，我們將取用 pivot 最小元素，並非這樣的選擇肯定正確，而原因僅是必須擇一處置：

```
import numpy as np
pivot = np.min(pivot)
```

最後，撰寫一行程式碼，以兩個有效的成分單字（中間加個空格）取代該無效單字：

```
textnew = text
textnew = textnew.replace(text[loc[0]:loc[1]],text[loc[0]:pivot]+' '+text[pivot:loc[1]])
```

將上述新文字印出來，確認是否已將拼錯的 oneperfectly 正確補上一個空格，當然其餘錯誤之處尚未插入空格予以修正。

```
The one perfectly divine thing, the oneglimpse of God's paradisegiven on
earth, is to fight a losingbattle - and notlose it.
```

在此可以將上述內容放入一個完好函數中，如示例 8-1 所示。此函數使用 for 迴圈將空格插入各個無效單字中（由兩個有效單字構成的無效單字）。

```
def insertspaces(text,word_list):

    locs = list(set([(m.start(),m.end()) for word in word_list for m in re.finditer(word, \
text)]))
    spacestarts = [m.start() for m in re.finditer(' ', text)]
    spacestarts.append(-1)
    spacestarts.append(len(text))
    spacestarts.sort()
    spacestarts_affine = [ss + 1 for ss in spacestarts]
    spacestarts_affine.sort()
    partial_words = [loc for loc in locs if loc[0] in spacestarts_affine and loc[1] not in \
    spacestarts]
    partial_words_end = [loc for loc in locs if loc[0] not in spacestarts_affine and loc[1] \
    in spacestarts]
    between_spaces = [(spacestarts[k] + 1,spacestarts[k+1]) for k in \
    range(0,len(spacestarts) - 1)]
    between_spaces_notvalid = [loc for loc in between_spaces if text[loc[0]:loc[1]] not in \
    word_list]
    textnew = text
    for loc in between_spaces_notvalid:
        endsofbeginnings = [loc2[1] for loc2 in partial_words if loc2[0] == loc[0] and \
    (loc2[1] - loc[0]) > 1]
        beginningsofends = [loc2[0] for loc2 in partial_words_end if loc2[1] == loc[1] and \
    (loc2[1] - loc[0]) > 1]
        pivot = list(set(endsofbeginnings).intersection(beginningsofends))
        if(len(pivot) > 0):
            pivot = np.min(pivot)
            textnew = textnew.replace(text[loc[0]:loc[1]],text[loc[0]:pivot]+' \
            '+text[pivot:loc[1]])
    textnew = textnew.replace('  ',' ')
    return(textnew)
```

示例 8-1：空格插入函數實作（將空格插入文字中——整合本章至此所述的大部分程式碼）

就此可以定義任何文字，呼叫上述函數處理該文字：

```
text = "The oneperfectly divine thing, the oneglimpse of God's paradisegiven on earth, is to \
fight a losingbattle - and notlose it."
print(insertspaces(text,word_list))
```

輸出的結果正如預料那樣，妥善的插入空格：

```
The one perfectly divine thing, the one glimpse of God's paradise given on earth, is to fight
a losing battle - and not lose it.
```

在此已設計一個演算法，可以正確將空格插入英文文字中。有件事需要關注——針對其他語言，是否可以仿效運作。當然可以——只要改用該語言的妥當語料庫予以定義 `word_list`，則運用上述示例所定義、呼叫的函數，就可以正確將空格插入任何語言的文字中。就算讀者未曾學過、聽過的語言，也可以用函數訂正該語言的文字。嘗試不同語料庫、不同語言、不同文字，確認能得到什麼樣的結果，你將一睹語言演算法的能力。

片語自動完成

設想自己身為演算法顧問，為某新創公司提供服務，該公司將針對設計中的搜尋引擎試圖加入某些功能。目標是希望增加片語自動完成功能，進而為使用者提供搜尋建議。例如，使用者輸入 *peanut butter and*（花生醬與）之際，搜尋提示功能可能建議接 *jelly*（果凍）一字。若使用者輸入 *squash*（壁球或南瓜）後，搜尋引擎可以建議接下列兩者之一：*court*（場）、*soup*（湯）。

建置此功能不難。如同之前的空格檢查程式，需要先處理語料庫。在此，我們不僅關注語料庫的個別單字，還要關注單字彼此的組合，因此將從語料庫中彙編 n-gram（n 元語法）串列。*n-gram* 串列即接連出現的 *n* 個單字組合所成的集合。例如，偉人波赫士（Jorge Luis Borges）曾經說過：「Reality is not always probable, or likely」（現實並非總是可能，要不然就讓它成為可能），此一片語由七個單字所組成。1-gram 是由單獨一個字組成，所以上述片語的 1-gram 是：*reality*、*is*、*not*、*always*、*probable*、*or*、*likely*。2-gram 是每個字串由接連出現的兩個單字組成，此例即為：*reality is*、*is not*、*not always*、*always probable* 等等。此例的 3-gram 是 *Reality is not*、*is not always* 等等。

斷詞以取得 n-gram

使用 Python 模組 nltk 可輕易做出 n-gram 集。首先對文字斷詞（tokenize）。斷詞即表示將字串拆成其成分單字，以及忽略標點符號。例如：

```
from nltk.tokenize import sent_tokenize, word_tokenize
text = "Time forks perpetually toward innumerable futures"
print(word_tokenize(text))
```

處理結果如下：

```
['Time', 'forks', 'perpetually', 'toward', 'innumerable', 'futures']
```

將上述 text 斷詞，取得 n-gram 結果：

```
import nltk
from nltk.util import ngrams
token = nltk.word_tokenize(text)
bigrams = ngrams(token,2)
trigrams = ngrams(token,3)
fourgrams = ngrams(token,4)
fivegrams = ngrams(token,5)
```

另外，我們可以將所有的 n-gram 放在 grams 串列中：

```
grams = [ngrams(token,2),ngrams(token,3),ngrams(token,4),ngrams(token,5)]
```

在此，我們針對單一短句的文字，執行斷詞及編製 n-gram 串列。然而，為了實作通用的片語自動完成工具，需要相當大型的語料庫。空格插入範例所用的 brown 語料庫，在此並不適用，因為內容由個別單字組成，所以無法編製 n-gram。

讀者可以使用谷歌（Google）的諾維格（Peter Norvig）於線上提供的文學集（*http://norvig.com/big.txt*）。針對本章範例，筆者下載莎士比亞（Shakespeare）全集的檔案，可於 *http://www.gutenberg.*

org/files/100/100-0.txt 線上免費取得，下載之後可將頂端的古騰堡計畫（Project Gutenberg）樣本文字移除。你也能使用馬克吐溫（Mark Twain）全集，可於 *http://www.gutenberg.org/cache/epub/3200/pg3200.txt* 取得。以 Python 讀取語料庫：

```
import requests
file = requests.get('http://www.bradfordtuckfield.com/shakespeare.txt')
file = file.text
text = file.replace('\n', '')
```

此處我們使用 `requests` 模組直接從筆者的網站讀取莎士比亞作品集文字檔，然後在 Python session 將其儲存於 `text` 中。

取得所選的語料庫之後，重新執行 `grams` 變數的建置程式碼。在此採用 `text` 變數新定義的內容：

```
token = nltk.word_tokenize(text)
bigrams = ngrams(token,2)
trigrams = ngrams(token,3)
fourgrams = ngrams(token,4)
fivegrams = ngrams(token,5)
grams = [ngrams(token,2),ngrams(token,3),ngrams(token,4),ngrams(token,5)]
```

策略

於此產生搜尋建議的策略很簡單。使用者輸入搜尋字詞時，程式會計算此搜尋字詞的單字個數。換句話說，使用者輸入 n-gram，程式要知道 *n* 為何。當使用者搜尋 n-gram 時，系統要協助添加搜尋字詞，即想要為 *n* + 1-gram 提供建議。我們將搜尋語料庫，找出特定的 *n* + 1-gram（其中前 *n* 個元素須與使用者輸入的 n-gram 相符）。例如，使用者可能搜尋 *crane*（吊車或鶴）此 1-gram，而語料庫可能含有的 2-gram 是 *crane feather*（鶴羽）、*crane operator*（吊車作業員）、*crane neck*（鶴頸）。上述每項皆為可提供的搜尋建議字詞。

可以就此打住，提供所有 *n* + 1-gram 建議，其前 *n* 個元素與使用者輸入的 n-gram 相符。然而，並非所有建議都一樣好。例如，若正在處理特製的搜尋引擎，其專門搜尋工業建築設備使用手冊內容，則相

較於 *crane feather*，*crane operator* 可能是較攸關的貼切建議。找出最佳建議的 n + 1-gram，其最簡單的方法是選擇語料庫中最常出現的那一個。

因此，完整的演算法是：使用者搜尋 n-gram，我們將搜尋語料庫，找出特定的 n + 1-gram（其中前 n 個元素須與使用者輸入的 n-gram 相符）。進而推薦符合的 n + 1-gram（在語料庫中出現頻率最高的那一個）。

找出 *n* + 1-gram 的可能選項

若要找到構成搜尋建議的 n + 1-gram，需要知道使用者的搜尋字詞長度（單字數量）。假設搜尋字詞是 *life is a*（人生是），意味著正在尋找完成「life is a……」片語的建議。可以使用下列簡單幾行程式碼取得搜尋字詞的長度：

```
from nltk.tokenize import sent_tokenize, word_tokenize
search_term = 'life is a'
split_term = tuple(search_term.split(' '))
search_term_length = len(search_term.split(' '))
```

此刻可得知搜尋字詞的長度，即 n 值——為 3。別忘了，要傳回出現頻繁最高的 n + 1-gram（4-gram）給使用者。因此，需要關注各個 n + 1-gram 的出現頻率。在此使用 `Counter()` 函數，該函數將統計集合中每個 n + 1-gram 出現的次數。

```
from collections import Counter
counted_grams = Counter(grams[search_term_length - 1])
```

此行程式碼會從 `grams` 變數僅選用 n + 1-gram。使用 `Counter()` 函數建立元組串列。每個元組第一個元素為 n + 1-gram，第二個元素為該 n + 1-gram 的出現頻率。例如，我們可以印出 `counted_grams` 的第一個元素：

```
print(list(counted_grams.items())[0])
```

此輸出顯示語料庫中的第一個 $n + 1$-gram，而且這個 $n + 1$-gram 在整個語料庫中只出現過一次：

```
(('From', 'fairest', 'creatures', 'we'), 1)
```

此 n-gram 為莎士比亞第一首十四行詩（Sonnet 1）開頭。值得玩味的是，可以在莎士比亞的作品中隨機找到一些有趣的 4-gram。例如，執行 `print(list(counted_grams)[10])`，可以看到莎士比亞作品中第 10 個 4-gram 是「rose might never die」（玫瑰永久不朽）。若執行 `print(list(counted_grams)[240000])`，可見到第 240,000 個 4-gram 是「I shall command all」（都會聽從我的指揮）。第 323,002 個是「far more glorious star」（光明燦爛遠勝的星星），第 328,004 個是「crack my arms asunder」（我的雙臂裂開）。但是，本節想要實作片語自動完成功能，而不只是 $n + 1$-gram 的瀏覽，我們需要找到 $n + 1$-gram 子集，其前 n 個元素與搜尋字詞相符。相關實作如下所示：

```
matching_terms = [element for element in list(counted_grams.items()) if \
element[0][:-1] == tuple(split_term)]
```

此串列綜合運算疊代取用每個 $n + 1$-gram，以 `element` 稱之。針對每個 `element`，檢查 `element[0] [:-1]==tuple(split_term)` 判斷式是否成立。該判斷式左邊，`element[0][:-1]` 僅是取得每個 $n + 1$-gram：其中 `[:-1]` 是不計串列最後一個元素的簡化語法。判斷式右邊，`tuple(split_term)` 是要搜尋的 n-gram（「life is a」）。因此，判斷式即是檢查 $n + 1$-gram，其前 n 個元素與關注的 n-gram 內容相符。任何相符的字詞皆儲存於最終輸出變數 `matching_terms`。

依出現頻率選擇片語內容

`matching_terms` 串列具備完成這項工作所需的一切；其由 $n + 1$-gram 組成，這些 $n + 1$-gram 的前 n 個元素與搜尋字詞內容相符，串列也包含這些 $n + 1$-gram 在語料庫中出現的頻率。只要此相符串列中有一個以上的元素，就能找到語料庫中出現頻率最高的元素，並將其建議給使用者予以完成片語。下列程式片段即可完成此作業：

```
if(len(matching_terms)>0):
    frequencies = [item[1] for item in matching_terms]
    maximum_frequency = np.max(frequencies)
    highest_frequency_term = [item[0] for item in matching_terms if item[1] == \
maximum_frequency][0]
    combined_term = ' '.join(highest_frequency_term)
```

在此程式片段中，首先定義 frequencies，該串列包含與搜尋字詞相符的每個 n + 1-gram 在語料庫中出現的頻率。然後，使用 numpy 模組的 max() 函數找尋出現頻率最高的項目。使用另一個串列綜合運算取得語料庫中出現頻率最高的第一個 n + 1-gram，最後建立 combined_term 字串，將搜尋字詞的所有單字組合在一起（單字間以空格隔開）。

最後，我們可以將上述所有程式碼放在一個函數中，如示例 8-2 所示。

```
def search_suggestion(search_term, text):
    token = nltk.word_tokenize(text)
    bigrams = ngrams(token,2)
    trigrams = ngrams(token,3)
    fourgrams = ngrams(token,4)
    fivegrams = ngrams(token,5)
    grams = [ngrams(token,2),ngrams(token,3),ngrams(token,4),ngrams(token,5)]
    split_term = tuple(search_term.split(' '))
    search_term_length = len(search_term.split(' '))
    counted_grams = Counter(grams[search_term_length-1])
    combined_term = 'No suggested searches'
    matching_terms = [element for element in list(counted_grams.items()) if \
element[0][:-1] == tuple(split_term)]
    if(len(matching_terms) > 0):
        frequencies = [item[1] for item in matching_terms]
        maximum_frequency = np.max(frequencies)
        highest_frequency_term = [item[0] for item in matching_terms if item[1] == \
maximum_frequency][0]
        combined_term = ' '.join(highest_frequency_term)
    return(combined_term)
```

示例 8-2：搜尋建議函數實作（接受 n-gram 輸入，傳回最有可能的 n + 1-gram，該 n + 1-gram 必須以輸入的 n-gram 為開端）

呼叫該函數，傳入的引數為 n-gram，而函數傳回 $n + 1$-gram。呼叫方式如下所示：

```
file = requests.get('http://www.bradfordtuckfield.com/shakespeare.txt')
file = file=file.text
text = file.replace('\n', '')
print(search_suggestion('life is a', text))
```

此例提出的建議是 *life is a tedious*（生活苦惱），這是莎士比亞以 *life is a* 開頭的字詞中最常見的 4-gram（與另外兩個 4-gram 不分軒輊）。對於這個 4-gram，莎士比亞只用過一次，在《辛伯林》（*Cymbeline*）中，伊慕貞（Imogen）說，「I see a man's life is a tedious one」（我看男人的生活實在苦惱）。在《李爾王》（*King Lear*）中，愛德加（Edgar）告訴格勞斯特（Gloucester），「Thy life is a miracle」（你得不死真是奇蹟——有些版本採用「Thy life's a miracle」文字），此 4-gram 也是該片語自動完成的有效建議。

藉由嘗試不同的語料庫，比較結果差異，進而從中獲得一些樂趣。接著使用馬克吐溫作品集語料庫：

```
file = requests.get('http://www.bradfordtuckfield.com/marktwain.txt')
file = file=file.text
text = file.replace('\n', '')
```

採用這個新語料庫，再次獲得搜尋建議：

```
print(search_suggestion('life is a',text))
```

以此例而言，完成的片語是 *life is a failure*（人生失敗），表明兩個文本語料庫個中差異，可能也是莎士比亞與馬克吐溫兩者的風格、態度迥異。讀者也可以嘗試其他搜尋字詞。例如，對於 *I love*（我愛）來說，若用馬克吐溫語料庫，結果是接 *you*（你）字；若使用莎士比亞語料庫，則為 *thee*（汝）字，兩者儘管概念上並無不同，在此也呈現出跨多世紀、飄洋過海的風格差異。嘗試其他語料庫、其他片語，觀察如何完成這些片語。若使用另一種語言的語料庫，可以使用方才撰寫的處理函數，針對其他語言執行片語自動完成作業（甚至是不會說的語言也可行）。

本章總結

本章探討可用於人類語言處理的演算法。從空格插入演算法開始，此演算法可以修正掃描錯誤的文字，接著討論片語自動完成演算法，該演算法可以將單字加入輸入的片語中，以符合文字語料庫的內容、風格。這些演算法採取的方式與其他類型的語言演算法所運用的方法類似，其中包括拼寫檢查（spell checker）與意圖剖析（intent parser）。

下一章將探討機器學習，一個不斷成長的強大領域，優秀的演算法達人都應該熟悉這個領域。我們將專注於**決策樹**（*decision tree*）此一機器學習演算法，該演算法為簡單、彈性、準確、可解釋的模型，可讓人在演算法與人生旅途上走得更遠。

9

機器學習

之前章節已介紹許多基本演算法背後的概念，此刻可以轉為論述較進階的概念。本章要探討機器學習。**機器學習**涉及的方法範圍廣泛，不過這些方法皆有共同目標：找出資料中的模式，以這些模式做預測。我們將討論**決策樹**方法，依某些個人特徵建立決策樹，預測個人的快樂程度（或稱作幸福程度）。

決策樹

決策樹是一種樹狀分支結構圖。可以如同使用流程圖的方式運用決策樹——藉由是非題的回答，沿著一條通往最終決策、預測或建議的路徑前進。造就最佳決策的決策樹建立過程是機器學習演算法的典型示例。

以可能會採用決策樹的實際情境為例。在急診室，重要決策者必須為新收治病患進行檢傷分類（triage）。**檢傷分類**即是確定優先順序：瀕臨死亡但經即刻手術可救活的人將立即接受治療，而被紙割傷或輕微感冒的人，將被要求等到較緊急的病患處理完畢之後才能收治。

因為必須以不多的資訊、時間，做出相當準確的診斷，所以檢傷分類並不容易。若有一位 50 歲婦女來急診室，表示劇烈胸痛，負責檢傷分類的人必須確定她的疼痛較可能是胸口灼熱（火燒心）抑或是心臟病發。檢傷分類決策者的思維過程必定複雜。他們會考慮許多因素：病患年齡、性別；是否肥胖、有無吸菸；病患自述症狀、陳述方式、病患表情；醫院忙碌程度，是否有其他病患等待治療；甚至是病患可能未意識到的因素。為了妥善檢傷分類，負責人必須學習許多模式。

了解檢傷分類專業人員做決策的方法並不容易。圖 9-1 呈現完全虛構的假設檢傷分類決策程序。（此非醫療建議——請勿輕易嘗試！）

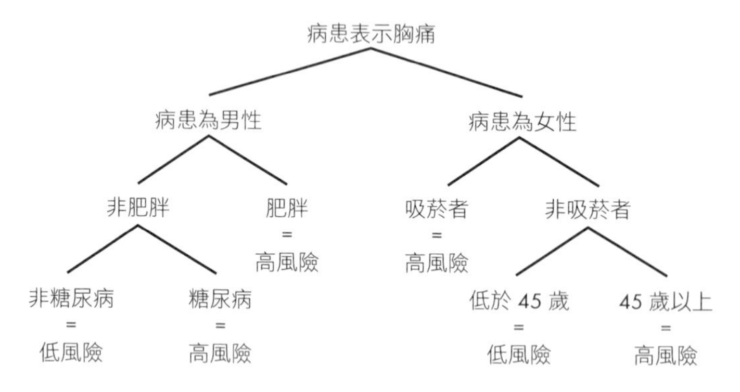

圖 9-1：心臟病發檢傷分類的簡化決策樹

可以從上而下閱讀此圖。心臟病發診斷程序從最上面的患者自述胸痛開始。隨後，該程序依病患性別分支擴展。若病患為男性，診斷程序將於左分支擴展，確定男病患是否肥胖。若病患是女性，則這個程序將從右分支擴展，確定女病患是否吸菸。在此程序的每一點，循著適當分支，直到該樹的底端，即找到此樹的分類結果，病患屬於心臟病發的高風險或低風險（可能性）。這種二元分支程序就像一棵樹，其樹幹分支成更小的樹枝，持續發展到最遠的分支末端。因此，圖 9-1 所示的決策程序稱為決策樹。

圖 9-1 每處的文字屬於決策樹的**節點**（*node*）。像「非肥胖」節點，因為在預測之前，至少還有一個分支需要沿著行進，所以將這類節點稱為**分支節點**（*branching node*）。像「非糖尿病 = 低風險」節點，因

為若達此點，將可停止行進，而可得知決策樹的最終分類（即：「低風險」），所以將這種結點稱作**終端節點**（*terminal node*）。

若能設計經過徹底深入研究的決策樹，而做出妥善的檢傷分類決定，則未受過醫學訓練的人就可以對心臟病發的患者進行檢傷分類，因為不再需要雇用（訓練）精明幹練、受過高等教育的檢傷分類專業人員，所以將可為世上每間急診室節省龐大開支。若有充分妥善的決策樹，甚至能夠以機器人取代檢傷分類專業人員（然而如此是否為好的結果，仍有爭議）。好的決策樹甚至可能造就比一般人更好的決定，原因是有可能消弭（易出錯的）人類所持有的無意識偏見（unconscious bias）。（事實上，這種情況已經發生了：1996、2002年，不同的研究團隊發表論文，論述其以決策樹成功改善病患自述胸痛的檢傷分類結果。）

決策樹中描述的分支決策步驟即是一種演算法。執行這樣的演算法相當簡單：只需在每個節點上決定兩個分支中應選哪一個行進，持續按分支進行到底。但是不要隨便順從任何決策樹的建議。注意，任何人都可做出決策樹，囑咐想像得到的任何決策程序（之中包含錯誤的決策）。決策樹的難處不是決策樹演算法的執行，而是決策樹的設計（造就最佳決策的決策樹）。建置最佳決策樹是一種機器學習應用，而僅僅依照決策樹做決策則不然。因而在此要討論最佳決策樹建置的演算法——用於產生演算法的演算法——接著以這些程序步驟產生準確的決策樹。

決策樹建置

於此建立一個決策樹，利用個人資訊預測其快樂程度。數千年來，探尋快樂祕訣始終是多數人在意的焦點，而當今社會科學研究人員對於解答的追究大肆著墨（耗用大量研究經費）。若我們有個決策樹，該樹可利用某些資訊，確實預測個人快樂程度，則它將提供重要線索，讓我們明白個人快樂的決定因素，此樹可能還具有讓我們自己獲得快樂的概念。本章尾聲，可知曉如何建置這樣的決策樹。

下載資料集

機器學習演算法要找出資料中有用的模式，因此需要好的資料集。在此將使用 ESS（歐洲社會調查）資料實作決策樹。可以從筆者網站的 *http://bradfordtuckfield.com/ess.csv* 與 *http://bradfordtuckfield.com/variables.csv* 下載檔案（其源自 *https://www.kaggle.com/pascalbliem/european-social-survey-ess-8-ed21-201617*，此為免費公用資源）。ESS 是針對歐洲成年人所做的大規模調查，每兩年進行一次，它會提出各種個人問題，包括宗教信仰、健康狀況、社交生活、快樂程度。在此使用的檔案會以 *CSV* 格式儲存，副檔名 *.csv* 為 *comma-separated* values（逗號分隔值）的縮寫，此乃資料集儲存的簡單常見格式，而 Microsoft Excel、LibreOffice Calc、一般文字編輯器、某些 Python 模組皆可開啟此種格式的資料集。

variables.csv 檔案包含每個問題的調查紀錄細節描述。例如，*variables.csv* 的第 103 行，有個 `happy` 變數的描述。針對「總而言之，你認為自己有多快樂？」此一問題，該變數記錄受訪者的回答。此題的回答範圍從 1（完全不快樂）到 10（非常快樂）。*variables.csv* 的其他變數具有各種可用資訊。例如，`sclmeet` 變數記錄受訪者與親友同事社交聚會的頻率。`health` 記錄個人一般健康情況。`rlgdgr` 記錄受訪者對宗教的主觀評價等等。

觀察這些資料之後，可以開始思考與快樂預測相關的假設。我們可以合理地假定，有積極社交生活與良好健康狀況的人比其他人快樂。對於其他變數——譬如性別、家庭規模、年紀——則可能較不容易納入假設之中。

檢視資料

程式首先要讀取資料。從網路下載資料，以 *ess.csv* 檔案儲存。接著可以使用 `pandas` 模組處理該檔案，將檔案內容儲存於 Python session 的 `ess` 變數中：

```
import pandas as pd
ess = pd.read_csv('ess.csv')
```

注意，若要讀取該 CSV 檔，必須將其與所要執行的 Python 程式放在同一個目錄，或者必須更改上述程式片段的 'ess.csv'，明確指定該 CSV 檔所在的檔案路徑。可以使用 pandas dataframe 的 shape 屬性得知資料的列與行數目：

```
print(ess.shape)
```

此輸出結果應為 (44387, 534)，表示該資料集有 44,387 列（每位受訪者占一列）、534 行（每個調查問題占一行）。我們使用 pandas 模組的切割（slicing）函數，以便更仔細觀察某些值得關注的行資料。例如，以下是查看「快樂」問題的前五個答覆：

```
print(ess.loc[:,'happy'].head())
```

ess 資料集有 534 行，每個調查問題占一行。基於某些目的，我們可能想要一次運用 534 行的所有內容。在此，只要查看 happy 行（不管其他 533 行）。此即為使用 loc() 函數的原因。loc() 函數將 pandas dataframe 的 happy 變數切出來。換句話說，只取出該行（忽略其他 533 行）。而 head() 函數顯示該行的前五列。前五個答覆分別是 5、5、8、8、5。對於 sclmeet 變數也可以仿照處理：

```
print(ess.loc[:,'sclmeet'].head())
```

上述結果應為 6、4、4、4、6。happy 與 sclmeet 的回覆依序對應排列。例如 sclmeet 的第 134 項元素與 happy 的第 134 項元素，兩項回覆內容皆為同一位受訪者為之。

ESS 員工致力從每位受訪者那裡獲得完整的回覆。然而，在某些情況下，會缺漏一些問題的調查回覆，原因是有時受訪者拒答，或不知怎麼回答。ESS 資料集中缺漏回覆的代碼往往遠高於實際回覆使用的代碼範圍。例如，某問題要求受訪者的回覆選項範圍是 1 ~ 10，若受訪者拒答，ESS 會以 77 表示。此處的分析將只顧及完整的回覆，針對關注的變數值，標示缺漏代碼的資料不列入考量。我們可以限制 ess 資料，使其只包含完整回覆（針對關注的變數而言）：

```
ess = ess.loc[ess['sclmeet'] <= 10,:].copy()
ess = ess.loc[ess['rlgdgr'] <= 10,:].copy()
ess = ess.loc[ess['hhmmb'] <= 50,:].copy()
ess = ess.loc[ess['netusoft'] <= 5,:].copy()
ess = ess.loc[ess['agea'] <= 200,:].copy()
ess = ess.loc[ess['health'] <= 5,:].copy()
ess = ess.loc[ess['happy'] <= 10,:].copy()
ess = ess.loc[ess['eduyrs'] <= 100,:].copy().reset_index(drop=True)
```

分割資料

可以用這些資料，以多種方式研究某人社交生活與其快樂的相互關係。最簡單的方法是**二元分割**（*binary split*）：比較社交生活高度活躍者的快樂程度與社交生活不太活躍者的快樂程度（示例 9-1）。

```
import numpy as np
social = list(ess.loc[:,'sclmeet'])
happy = list(ess.loc[:,'happy'])
low_social_happiness = [hap for soc,hap in zip(social,happy) if soc <= 5]
high_social_happiness = [hap for soc,hap in zip(social,happy) if soc > 5]

meanlower = np.mean(low_social_happiness)
meanhigher = np.mean(high_social_happiness)
```

示例 9-1：社交生活不活躍者與活躍者各自的平均快樂程度計算

示例 9-1 匯入 numpy 模組用於計算平均值，定義兩個新變數 social、happy，內容從 ess dataframe 切取出來。接著使用串列綜合運算找出社交活動評分較低者的快樂程度（將其儲存於 low_social_happiness 變數），以及社交活動評分較高者的快樂程度（將其儲存於 high_social_happiness 變數）。最終計算低度社交者的平均快樂評分（meanlower）與高度社交者的平均快樂評分（meanhigher）。若執行 print(meanlower)、print(meanhigher)，應有的結果是，那些認為自己是社交活躍者會認為自己較為快樂（相較於社交不活躍的同等社會地位者而言）：7.8 左右是社交活躍者回覆的平均快樂程度，7.2 大約是社交不活躍者的平均快樂程度。

於此可以描繪簡單的圖，呈現方才所做的內容，如圖 9-2 所示。

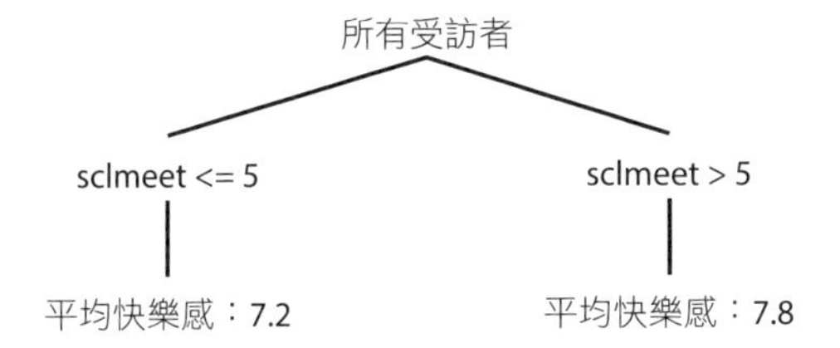

圖 9-2：簡單決策樹（依社交活動參與頻率預測快樂感）

該簡單二元分割圖儼然是決策樹的模樣。如此並非巧合：對資料集的二元分割，比較每一半的結果即是決策樹產生演算法的主要程序。事實上，理所當然可將圖 9-2 稱為決策樹，儘管只有一個分支節點也無妨。可以用圖 9-2 作為簡單的快樂預測指標：得知某人外出社交的頻率。若其 `sclmeet` 值為 `5` 以下，則可以預測此人快樂感為 `7.2`；若其 `sclmeet` 值高於 `5`，則可以預測此人快樂感是 `7.8`。以上並非完美預測，不過就起始而言，這比隨機猜測更為準確。

可以試著以此決策樹推論，各種特徵、生活方式抉擇的影響。例如，低社交的快樂感與高社交的快樂感相差 0.6 左右，因而推斷，將增加社交活動程度（從低到高），可以預測快樂感增加 0.6 左右（以最高 10 分而言）。當然，嘗試推斷這樣的結論，困難重重。社交活動可能不會帶來快樂感，反而是快樂感會影響社交活動；也許快樂的人往往懷有愉悅心情，時常與朋友通話、安排社交聚會。從因果關係理出相關性已超出本章論述範圍，但無論因果方向為何，此簡單決策樹至少提供關聯事實（若願意的話，後續可以更深入研究）。如漫畫家門羅（Randall Munroe）所言，「相關不蘊含因果，但是具挑逗意味的挑眉，一邊以口形默示『看那裡』，一邊鬼祟的以手示意。」（Correlation doesn’t imply causation, but it does waggle its eyebrows suggestively and gesture furtively while mouthing ‘look over there.’）。

在此我們已做出含有兩分支的簡單決策樹，此刻只需改善分支的建置，使其更為細膩，以產生更完善的決策樹。

智慧式分割

社交生活活躍與不活躍兩者的快樂程度相較時，以 5 作為**分割點**，評分高於 5 者有活躍的社交生活，而評分 5 以下者的社交生活不活躍。以 5 為分界的原因是此為 1 ～ 10 評分的自然中點。然而，別忘了，在此目標是建立準確的快樂預測指標。與其依自然中點或看似活躍社交生活的直覺做分割，不如以造就最佳準確度（accuracy）之處進行二元分割。

機器學習問題中，有數種方式得以衡量準確度。最自然的方法是求得誤差總和。就此例而言，關注的誤差是某人快樂評分預測值與實際值的差異。若決策樹預測快樂感為 6，但實際值是 8，則該樹對此評分的誤差為 2。若將某個群體每位受訪者的預測誤差相加，就能得到錯誤總和，其用於衡量此決策樹預測該組成員快樂感的準確度。若誤差總和離零越近，該樹的準確度就越好（相關重要注意事項，請參閱第 207 頁的〈過度配適的問題〉）。以下程式片段以簡單方式求出誤差總和：

```
lowererrors = [abs(lowhappy - meanlower) for lowhappy in low_social_happiness]
highererrors = [abs(highhappy - meanhigher) for highhappy in high_social_happiness]

total_error = sum(lowererrors) + sum(highererrors)
```

上述程式取得所有受訪者預測誤差的總和，其中定義 `lowererrors` 串列（內含每位低社交受訪者的預測誤差），以及 `highererrors` 串列（內有每位高社交受訪者的預測誤差）。注意，我們在此取用絕對值，只以非負數的加總求出誤差總和。執行上述程式，總誤差結果約為 60224。此數值比零高出許多，但是此結果若視為 40,000 多名受訪者的誤差總和（用僅有兩分支的樹預測這些人的快樂感），驟然覺得好像不會太差。

可以嘗試不同的分割點，確認誤差是否有所改善。例如，可以將社交評分高於 4 者歸為高社交類，將社交評分 4 以下者歸為低社交類，進而比較兩者的結果誤差。或者可以改用 6 作為分割點，若要獲得最高的準確度，應該依序檢驗每個分割點，選擇造成最低誤差的那個分割點。示例 9-2 為上述內容的函數實作。

```
def get_splitpoint(allvalues,predictedvalues):
    lowest_error = float('inf')
    best_split = None
    best_lowermean = np.mean(predictedvalues)
    best_highermean = np.mean(predictedvalues)
    for pctl in range(0,100):
        split_candidate = np.percentile(allvalues, pctl)

        loweroutcomes = [outcome for value,outcome in zip(allvalues,predictedvalues) if \
value <= split_candidate]
        higheroutcomes = [outcome for value,outcome in zip(allvalues,predictedvalues) if \
value > split_candidate]

        if np.min([len(loweroutcomes),len(higheroutcomes)]) > 0:
            meanlower = np.mean(loweroutcomes)
            meanhigher = np.mean(higheroutcomes)

            lowererrors = [abs(outcome - meanlower) for outcome in loweroutcomes]
            highererrors = [abs(outcome - meanhigher) for outcome in higheroutcomes]

            total_error = sum(lowererrors) + sum(highererrors)

            if total_error < lowest_error:
                best_split = split_candidate
                lowest_error = total_error
                best_lowermean = meanlower
                best_highermean = meanhigher
    return(best_split,lowest_error,best_lowermean,best_highermean)
```

示例 9-2：分割點函數實作（針對決策樹分支點找出某變數的最佳分割點）

上述函數使用 pctl（*percentile* —— 百分位數的簡稱）變數，以迴圈遍歷 0 ~ 99 的數值。迴圈的第一行程式碼定義新變數 split_candidate，此為資料的第 pctl 百分位數。隨後將採取示例 9-2 所用的同一個程序。我們建置了快樂程度串列，其一是受訪者的 sclmeet 值小於或等於分割選擇點，另一是受訪者的 sclmeet 值大於分割選擇點，就此求取使用該分割選擇點所產生的誤差。若使用該分割選擇點衍生的誤差總和小於之前其他分割選擇點各自衍生的誤差總和，則重新定義 best_split 變數（等於 split_candidate）。該迴圈運作完成後，best_split 變數內容為造就最高準確度的分割點。

可以針對任何變數執行此函數，例如，以下範例針對 hhmmb 變數執行該函數，此變數記錄受訪者的家庭成員數。

```
allvalues = list(ess.loc[:,'hhmmb'])
predictedvalues = list(ess.loc[:,'happy'])
print(get_splitpoint(allvalues,predictedvalues))
```

在此的輸出結果顯示正確分割點，以及該點定義的群體快樂程度預測：

```
(1.0, 60860.029867951016, 6.839403436723225, 7.620055170794695)
```

此輸出結果的詮釋，意味著 hhmmb 變數最佳分割處為 `1.0`；其中將受訪者分為獨居者（家庭成員一位）以及與他人同住者（家庭成員不止一位）。另外還可以看到這兩種群體的平均快樂程度：分別約為 `6.84`、`7.62`。

選擇分割變數

針對資料中選定的任何變數，皆可以找到其最佳分割點位置。但請注意，如圖 9-1 的決策樹，我們並非僅找單一變數的分割點，而是將男女分隔，把肥胖者與非肥胖者分開，讓吸菸者與非吸煙者隔開……。自然而生的問題是，我們該如何知道每個分支節點要分割哪個變數？對此可以重新排序圖 9-1 的節點，以體重為首、性別為輔的次序分割（或只在左分支納入性別分割，抑或是完全不採納性別變數）。決定每個分支點所要分割的變數是產生最佳決策樹十分重要之處，因此應該為此過程部分撰寫程式。

我們將採取求得最佳分割點所用的相同原則來決定最佳分割變數：最佳分割方式是選用造成誤差最小的那一個。為了確定結果，需要疊代取用每個變數，檢查變數的分割是否能造成最小誤差。接著確定哪個變數可讓分割引起的誤差最小。就此可以使用示例 9-3 達成需求。

```
def getsplit(data,variables,outcome_variable):
    best_var = ''
    lowest_error = float('inf')
    best_split = None
    predictedvalues = list(data.loc[:,outcome_variable])
    best_lowermean = -1
    best_highermean = -1
    for var in variables:
        allvalues = list(data.loc[:,var])
        splitted = get_splitpoint(allvalues,predictedvalues)

        if(splitted[1] < lowest_error):
            best_split = splitted[0]
            lowest_error = splitted[1]
            best_var = var
            best_lowermean = splitted[2]
            best_highermean = splitted[3]

    generated_tree = [[best_var,float('-inf'),best_split,best_lowermean],[best_var,best_split,\
    float('inf'),best_highermean]]

    return(generated_tree)
```

示例 9-3：決策樹產生函數實作（疊代取用每個變數，找出最佳分割變數）

示例 9-3 為具有 for 迴圈的函數定義，該迴圈疊代取得變數串列的所有變數。呼叫 get_splitpoint() 函數找出每個變數的最佳分割點，每個變數以最佳分割點分割，將對預測結果產生某誤差總和。若特定變數的誤差總和比之前處理的任何變數還低，則將該變數名稱儲存於 best_var。以迴圈處理所有變數名稱之後，具有最小誤差總和的變數將儲存於 best_var 中。針對除 sclmeet 之外的一組變數，執行上述程式：

```
variables = ['rlgdgr','hhmmb','netusoft','agea','eduyrs']
outcome_variable = 'happy'
print(getsplit(ess,variables,outcome_variable))
```

就此的輸出結果：

```
[['netusoft', -inf, 4.0, 7.041597337770383], ['netusoft', 4.0, inf,
7.73042471042471]]
```

其中 getsplit() 函數以巢狀串列形式輸出相當簡單的「樹」。該樹只有兩個分支。第一個分支由第一個巢狀串列表示，第二個分支由第二個巢狀串列表示。兩個巢狀串列的每個元素呈現各自分支的相關內容。第一個串列表達，基於受訪者 netusoft 值（網際網路使用頻率）所示的分支。具體而言，第一分支對應的受訪者，其 netusoft 值介於 -inf 與 4.0 之間（其中 inf 為 infinity 的簡稱，即無限大）。換句話說，此分支的人自述其網際網路使用頻率為 4 分以下（就滿分為 5 分來說）。每個串列最後一個元素顯示快樂評分估計：約為 7.0（針對非高度活躍的網際網路使用者而言）。就此將上述的簡單樹描繪於圖 9-3。

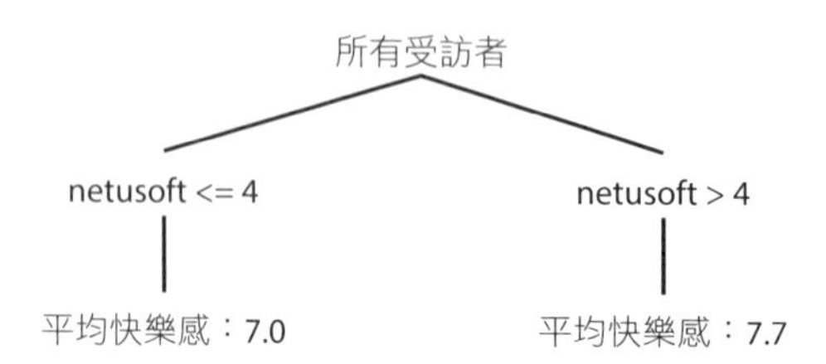

圖 9-3：首次呼叫 getsplit() 函數所產生的樹

目前的函數顯示，網際網路使用率較低者自述快樂感較少，快樂評分平均約為 7.0，而網際網路使用率高者，自己表示快樂程度平均約為 7.7。同樣地，我們必須就單一事實所得的結論謹慎以對：網際網路的使用程度也許並非快樂感的實際影響因素，不過因為網路使用與年齡、財富、健康、教育、其他特徵有強烈相關性，所以可能與快樂程度有關。單靠機器學習通常不能找出複雜的因果關係，但是，如同圖 9-3 的簡單樹一樣，機器學習能夠做出準確的預測。

增加深度

至此我們已在每個分支點完成最佳分割，並產生具有兩個分支的樹，接著我們要讓此樹增長（不止一個分支節點暨兩個終端節點）。如圖 9-1 所示，注意其中不止兩個分支。若要得到最終的診斷，必須行進最多達三個連續分支，而這是所謂深度（*depth*）為三的樹。決策樹產生程序的最後一步即是指定要達到的深度，到達該深度之前，持續建立新的分支。完成需求的方法是將新增的內容放入 getsplit() 函數，如示例 9-4 所示。

```
maxdepth = 3
def getsplit(depth,data,variables,outcome_variable):
    --snip--
    generated_tree = [[best_var,float('-inf'),best_split,[]],[best_var,\
best_split,float('inf'),[]]]

    if depth < maxdepth:
        splitdata1=data.loc[data[best_var] <= best_split,:]
        splitdata2=data.loc[data[best_var] > best_split,:]
        if len(splitdata1.index) > 10 and len(splitdata2.index) > 10:
            generated_tree[0][3] = getsplit(depth + 1,splitdata1,variables,outcome_variable)
            generated_tree[1][3] = getsplit(depth + 1,splitdata2,variables,outcome_variable)
        else:
            depth = maxdepth + 1
            generated_tree[0][3] = best_lowermean
            generated_tree[1][3] = best_highermean
    else:
        generated_tree[0][3] = best_lowermean
        generated_tree[1][3] = best_highermean
    return(generated_tree)
```

示例 9-4：決策樹產生函數實作（產生指定深度的樹）

在此更新的函數定義 generated_tree 變數時，我們先加入空串列，而非平均值。我們僅於終端節點才插入平均值，但若要做出深度更大的樹，則需要在每個分支插入其他分支（即空串列包含的部分）。另外，我們在函數尾端加入內含程式碼大區塊的 if 陳述式。若目前分支的深度小於此樹需求的最大深度，此區塊將遞迴呼叫 getsplit() 函數將另一分支填入樹內。重複此程序，直到達最大深度。

可以執行此程式，針對資料集求出快樂感預測誤差最低的決定樹：

```
variables = ['rlgdgr','hhmmb','netusoft','agea','eduyrs']
outcome_variable = 'happy'
maxdepth = 2
print(getsplit(0,ess,variables,outcome_variable))
```

執行之後應該獲得下列的輸出結果，表示深度為二的樹：

```
[['netusoft', -inf, 4.0, [['hhmmb', -inf, 4.0, [['agea', -inf, 15.0, 8.035714285714286],
['agea', 15.0, inf, 6.997666564322997]]], ['hhmmb', 4.0, inf, [['eduyrs', -inf, 11.0,
7.263969171483622], ['eduyrs', 11.0, inf, 8.0]]]]], ['netusoft', 4.0, inf, [['hhmmb', -inf,
1.0, [['agea', -inf, 66.0, 7.135361428970136], ['agea', 66.0, inf, 7.621993127147766]]],
['hhmmb', 1.0, inf, [['rlgdgr', -inf, 5.0, 7.743893678160919], ['rlgdgr', 5.0, inf,
7.9873320537428025]]]]]]
```

示例 9-5：以巢狀串列表示決策樹

在此所見的是彼此呈巢狀排列的串列集，這些巢狀串列表示完整的決策樹（儘管它不如圖 9-1 那樣容易閱讀）。我們可以在每層巢狀結構中找到變數名及其範圍值，如同圖 9-3 所示的簡單樹。第一層巢狀結構顯示圖 9-3 具有的相同分支：此分支表示的受訪者，其 netusoft 值小於或等於 4.0。下個串列位於第一層巢狀串列之內，開頭為 hhmmb, -inf, 4。這是決策樹的另一個分支，從方才檢視的分支分展出來，之中包含的受訪者，其自述家庭規模為 4 以下。若將目前所述的巢狀串列內容，以決策樹的部分描繪出來，則如圖 9-4 所示。

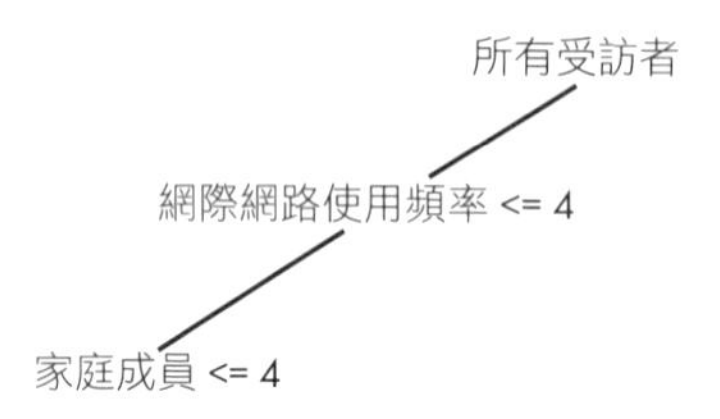

圖 9-4：決策樹的某分支選項

持續觀察巢狀串列，描述決策樹的更多分支。位於其他巢狀串列之內的串列對應的是樹中的較低分支。某巢狀串列是由包含它的串列分展出來。終端節點並無包含巢狀串列，而是具有快樂評分估計。

在此我們已成功建立一個決策樹，能以相對較低的誤差預測快樂程度。你可以確認輸出結果，觀察快樂感的相對決定因素，以及與每個分支相關的快樂程度。

可以利用決策樹、資料集做更多探索。例如，嘗試執行同樣的程式，但採用不同的變數集或更大規模的變數集。還可以建立各種深度（最大深度不同）的樹。以下範例，採用不同變數串列與深度，執行相同的程式：

```
variables = ['sclmeet','rlgdgr','hhmmb','netusoft','agea','eduyrs','health']
outcome_variable = 'happy'
maxdepth = 3
print(getsplit(0,ess,variables,outcome_variable))
```

以這些參數執行程式時，將產生完全不同的決策樹。輸出結果如下所示：

```
[['health', -inf, 2.0, [['sclmeet', -inf, 4.0, [['health', -inf, 1.0, [['rlgdgr', -inf,
9.0, 7.9919636617749825], ['rlgdgr', 9.0, inf, 8.713414634146341]]], ['health', 1.0, inf,
[['netusoft', -inf, 4.0, 7.195121951219512], ['netusoft', 4.0, inf, 7.565659008464329]]]]],
['sclmeet', 4.0, inf, [['eduyrs', -inf, 25.0, [['eduyrs', -inf, 8.0, 7.9411764705882355],
['eduyrs', 8.0, inf, 7.999169779991698]]], ['eduyrs', 25.0, inf, [['hhmmb', -inf, 1.0,
7.297872340425532], ['hhmmb', 1.0, inf, 7.9603174603174605]]]]]]], ['health', 2.0, inf,
[['sclmeet', -inf, 3.0, [['health', -inf, 3.0, [['sclmeet', -inf, 2.0, 6.049427365883062],
['sclmeet', 2.0, inf, 6.70435393258427]]], ['health', 3.0, inf, [['sclmeet', -inf, 1.0,
4.135036496350365], ['sclmeet', 1.0, inf, 5.407051282051282]]]]], ['sclmeet', 3.0, inf,
[['health', -inf, 4.0, [['rlgdgr', -inf, 9.0, 6.992227707173616], ['rlgdgr', 9.0, inf,
7.434662998624484]]], ['health', 4.0, inf, [['hhmmb', -inf, 1.0, 4.948717948717949], ['hhmmb',
1.0, inf, 6.132075471698113]]]]]]]]
```

特別注意，第一個分支以 health 變數（而非 netusoft 變數）做分割。較低深度的其他分支以不同分割點、不同變數做分割。決策樹方法的彈性意味著，以相同的資料集、同樣的終極目標開始，兩位研究人員可能得到截然不同的結論，這取決於兩者所用的參數以及針對資料做決定的方式。這是機器學習方法的共同特徵，也是機器學習難以掌握的部分原因。

決策樹評估

為了產生決策樹，要比較每個可能分割點、分割變數各自的誤差，而我們針對特定分支所選用的變數與分割點，始終要具有最低誤差。此刻我們已成功產生決策樹，針對整棵樹（不僅針對特定分支）進行上述的誤差計算，並不為過。評估整棵樹的誤差可以知道預測工作的達成程度，以及未來工作（譬如：醫院未來病患表示胸痛時）的效能表現。

若觀察目前產生的決策樹輸出內容，你會發現要解讀所有巢狀串列是有點困難的，若無細心解讀巢狀分支，找到正確的終端節點，也不會有自然方式確定某人快樂程度的預測。基於 ESS 受訪者回答而得的內容，有助於我們撰寫個人快樂程度預測程式。下列的 get_prediction() 函數，可以達成上述需求：

```
def get_prediction(observation,tree):
    j = 0
    keepgoing = True
    prediction = - 1
    while(keepgoing):
        j = j + 1
        variable_tocheck = tree[0][0]
        bound1 = tree[0][1]
        bound2 = tree[0][2]
        bound3 = tree[1][2]
        if observation.loc[variable_tocheck] < bound2:
            tree = tree[0][3]
        else:
            tree = tree[1][3]
        if isinstance(tree,float):
            keepgoing = False
            prediction = tree
    return(prediction)
```

接著我們可以建立迴圈，遍歷資料集的任何部分內容，進而得到該部分的決策樹快樂感預測。就此，以最大深度是四的樹為例：

```
predictions=[]
outcome_variable = 'happy'
maxdepth = 4
thetree = getsplit(0,ess,variables,outcome_variable)
for k in range(0,30):
    observation = ess.loc[k,:]
    predictions.append(get_prediction(observation,thetree))

print(predictions)
```

此程式僅僅重複呼叫 get_prediction() 函數，將結果附加到預測串列中。在此，我們只針對前 30 個觀測值（observation）做預測。

隨後可以求出這些預測值與實際快樂評分的相較結果，得知總誤差為何。此處我們將對整個資料集做預測，計算預測值與快樂感紀錄值兩者的絕對差異：

```
predictions = []


for k in range(0,len(ess.index)):
    observation = ess.loc[k,:]
    predictions.append(get_prediction(observation,thetree))

ess.loc[:,'predicted'] = predictions
errors = abs(ess.loc[:,'predicted'] - ess.loc[:,'happy'])

print(np.mean(errors))
```

執行上述程式之後，此決策樹預測的平均誤差是 1.369。結果高於零，但低於之前較差預測法的可能結果。以目前來說，該決策樹似乎有相當不錯的預測。

過度配適的問題

在此有個非常重要的做法值得注意，評估決策樹的方法與現實生活中預測的運作方式不一樣。注意之前所做的：使用整個受訪者資料集產生決策樹，使用相同受訪者資料集判斷樹預測的準確度。但是，對於已參與調查的受訪者而言，預測其快樂評分是多餘的——既然參與調查，所以已知其快樂評分，根本不需要預測這些內容！如同取得曾經心臟病發的患者資料集，細心研究他們治療前的症狀，建立相關機器學習模型，告知上週是否有人心臟病發。此時，已經相當清楚上週是否有人心臟病發，相較於查看起初的檢傷分類診斷資料，還有更好的得知方式。預測過去，輕而易舉，但是別忘了，實際的預測總是涉及未來。如華頓商學院（Wharton）教授西蒙斯（Joseph Simmons）所言，「歷史是發生過的事。科學是未來會發生的事。」（History is about what happened. Science is about what happens *next.*）。

讀者可能會認為這並非嚴重問題。畢竟若能做出適用於上週心臟病發患者的決策樹，那麼假設它適用於下週的心臟病發患者也是合理的。在某種程度上，的確如此。然而，魔鬼藏在細節裡，若不小心，我們可能會陷入一種常見的邪惡險境——**過度配適**（*overfitting* 或稱作**過度擬合**），機器學習模型的傾向是，對於模型建立所用的資料集（如：過去的資料），可達到非常低的誤差，而對於其他資料（如：實際要緊資料、未來資料）則有出乎意料的高誤差。

以心臟病發預測為例。若觀察急診室幾天，也許碰巧，每個穿藍襯衫的入院病患有心臟病，每個穿綠襯衫的入院病患心臟是健康的。決策樹模型將襯衫顏色納為其預測變數，擇取這個模式，將它視為一個分支變數，理由是在觀測內容中，襯衫顏色有如此高的診斷準確度。然而，若用此決策樹預測另一家醫院（或在某未來時日）的心臟病發情況，預測結果往往是錯的，原因是許多身穿綠襯衫的人也會心臟病發，許多穿藍襯衫的人並沒有心臟病。決策樹建置所用的觀測值稱為**樣本內**（*in-sample*）**觀測值**，而模型測試所用的觀測值稱為**樣本外**（*out-of-sample*）**觀測值**，後者並非決策樹產生程序的一部分。過度配適意味著，就樣本內觀測值得預測中，積極尋求低誤差，此舉導致決策樹模型對於樣本外觀測值的預測誤差過高。

過度配適是機器學習應用所面臨的嚴重議題，甚至最厲害的機器學習行家也會被它絆倒。為了避免這種情況發生，我們將採取重要步驟，讓決策樹建置程序更類似於現實生活的預測情境。

別忘了，現實生活的預測是與未來有關，但是建置決策樹時，必定只有過去資料。我們不可能取得未來資料，因此我們把資料集分成為兩個子集：**訓練集**（*training set*）——僅使用該集合建置決策樹，以及**測試集**（*test set*）——將使用該集合求得決策樹的準確度。測試集源於過去資料，就像其他資料一樣，不過在此我們將其當作未來資料；我們不用它來建立決策樹（把它當作尚未發生的資料），但是確實有使用它——僅在決策樹建置完成之後——用來測試決策樹的準確度（彷彿我們在未來取得的資料）。

以這種簡單的訓練、測試分割，讓決策樹產生程序與預測未知未來的現實生活問題類似；測試集似乎是模擬的未來。測試集的誤差讓實際未來所得到的誤差有合理的預期。若訓練集誤差非常低，測試集誤差相當高，就表示陷入過度配適。

我們可以這樣定義訓練集、測試集：

```
import numpy as np
np.random.seed(518)
ess_shuffled = ess.reindex(np.random.permutation(ess.index)).reset_index(drop = True)
training_data = ess_shuffled.loc[0:37000,:]
test_data = ess_shuffled.loc[37001:,:].reset_index(drop = True)
```

上述程式片段使用 numpy 模組將資料弄亂——換句話說，留存所有資料，不過隨機移動其中的列資料。我們使用 pandas 模組的 reindex() 方法完成需求，透過 numpy 模組的排列組合功能產生混亂的內容，以隨機方式弄亂列索引值達到重新索引的動作。資料集弄亂之後，選擇前 37,000 個搞亂的列資料作為訓練資料集，其餘列資料作為測試資料集。np.random.seed(518) 指令並無必要，但若執行該指令，將確保得到與此所示的相同偽亂數結果。

定義訓練、測試資料之後，僅用訓練資料產生決策樹：

```
thetree = getsplit(0,training_data,variables,outcome_variable)
```

隨後取得測試資料的平均誤差，這些資料並沒有用於訓練決定樹：

```
predictions = []
for k in range(0,len(test_data.index)):
    observation = test_data.loc[k,:]
    predictions.append(get_prediction(observation,thetree))

test_data.loc[:,'predicted'] = predictions
errors = abs(test_data.loc[:,'predicted'] - test_data.loc[:,'happy'])
print(np.mean(errors))
```

結果是測試資料的平均誤差為 1.371，只比用整個資料集訓練與測試的 1.369 誤差要高一些。這表示模型沒有遭遇過度配適：善於預測過去，幾乎同樣妥善預測未來。很多時候，我們得到的不是這樣的好消息，而是壞消息——模型的表現比想像的更糟——不過知道這樣消息並不壞，原因是將模型用於實際情境之前，仍然有改進的空間。對此，在模型準備部署於現實生活之前，我們需要進行改進，以讓**測試集**的誤差最小化。

調整改進

你可能會發現自己所建的決策樹準確度低於預期，例如，因為陷入過度配適，所以結果可能低於應有的準確度。處理過度配適議題的諸多策略歸結為某種簡化，原因是簡單的機器學習模型較不會遭遇過度配適（相較複雜的模型而言）。

關於上述決策樹模型的簡化，最簡單的首要方法是限制樹的最大深度；因為深度值是個變數，所以可用一行程式碼重新定義這個變數，實作不難。若要決定正確深度，我們必須知道各種深度的樣本外資料誤差。若深度過深，則可能因過度配適而造成高誤差；若深度過淺，而可能會因**配適不足**（*underfitting* 或稱作**擬合不足**）導致高誤差。可以將配適不足視為過度配適的鏡像翻版。

過度配適主要為，試圖從任何（無關緊要）模式中學習——換句話說，從訓練資料中學習「過多」雜訊，譬如是否穿綠襯衫。配適不足主要是，學習不夠——所建的模型缺少資料中的關鍵模式，譬如是否肥胖或吸菸。過度配適往往是模型變數過多或深度過深引起的，而配適不足通常是模型變數太少或深度太淺造成的。就像演算法設計的諸多情況一樣，正確之處是介於過高與過低兩者的折衷。為機器學習模型選擇正確的參數，包括決策樹的深度，此動作通常稱為**調整**（*tuning*），起因是旋緊吉他或小提琴的琴弦調音（tuning），也得在過高音調、過低音調兩者之間找到折衷音準。

決策樹模型的另一種簡化方法是**修剪**（*pruning* 或稱作**剪枝**）。對此，我們將決策樹增長至其最大深度，接著找出可移除的分支，即少了這些分支也不會讓誤差增加太多。

另外值得一提的改進是，使用不同方法選擇正確的分割點、分割變數。本章介紹的概念是，使用分類誤差總和決定分割點位置；正確分割點是將誤差總和最小化的點。不過，還有其他方法可以決定決策樹的正確分割點，其中包括吉尼不純度（Gini impurity）、熵（entropy）、資訊增益（information gain）、變異數縮減（variance reduction）。實際上，一般都會採用上述的衡量方法（特別是吉尼不純度、資訊增益），而非本章所用的分類誤差，原因是某些數學性質在許多情況下讓這些方法表現較好。請嘗試以不同的方法選定分割點、分割變數，針對資料與決策問題，找出似乎有最佳表現的項目。

我們在機器學習中所做的一切，都是期望能夠對新資料做出準確的預測。當試圖改進機器學習模型時，藉由確認測試資料的誤差改善程度，總是可以判斷該改進動作是否值得。隨意發揮創意尋找改善之處——改進測試資料誤差的內容，也許值得一試。

隨機森林

決策樹有其價值與用途，不過專業人員並不認為決策樹是最好的機器學習方法。部分原因是其過度配適與相對較高的誤差而聲名狼藉，部分原因是*隨機森林*方法的出現，最近很流行使用這種方法，相較於決策樹，其有明確的效能改善。

顧名思義，隨機森林模型為決策樹模型集合。隨機森林中每個決策樹與隨機化有關。運用隨機化，可得到多元的森林（內有許多不一樣的樹），而非僅是不斷複製某棵樹所成的森林。隨機化發生在兩處。第一、訓練資料集是隨機的：只以訓練集的一個子集建置每棵樹，隨機選用子集，每棵樹將有所不同。（在程序開頭，隨機選擇測試集，但是不會為每顆樹重新隨機化或重新選擇測試集。）第二、用於建置樹的變數是隨機的：每棵樹只使用整個變數集的一個子集，每次用的子集也會不同。

建置各種隨機樹的集合之後，即擁有一座完整的隨機森林。若要對特定觀測值做預測，必須得到各個決策樹的預測內容，然後對所有決策樹預測取其平均值。因為決策樹建置所用的資料與變數皆是隨機的，所以取其平均值有助於避免過度配適的問題，往往也會造就更準確的預測。

本章程式直接運用資料集、串列、迴圈，「從無到有」建立決策樹。未來若要應用決策樹、隨機森林時，可以利用現有的 Python 專門模組，這些模組可輔助完成諸多主要工作。但不要過度依賴這些模組：若能理解這些重要演算法的每一步，足以自行從零開始撰寫程式碼實作演算法，則我們於機器學習方面的努力會更加有效果。

本章總結

本章介紹機器學習，其中探討決策樹學習，這是一種基本、簡單、實用的機器學習方法。可將決策樹視為一種演算法，決策樹的產生過程也可謂一種演算法，因此本章涉及產生演算法的演算法。學習決策樹與隨機森林的基本概念之後，對於成為機器學習專家，算是邁出一大步。本章賦予的知識可為學習其他機器學習演算法（其中包括類神經網路這類高等演算法）奠定紮實的基礎。所有機器學習方法皆試圖執行本章嘗試的這種工作：以資料集中的模式做預測。下一章將探討人工智慧，這是演算法探險中最先進的一項工程。

10

人工智慧

本書論及人類心智行事的非凡能力，無論是接球、校對文字，還是判斷病患是否心臟病發。我們在前面章節探討了將這些能力轉為演算法的相關方法，並論述了其中的挑戰。

本章我們將再次面對這些挑戰，並設計人工智慧（AI）演算法。在此將討論的 AI 演算法不僅用於特定工作（譬如接球），還適用於各種競爭情境。此廣泛應用性是人們對人工智慧感到興奮之處——就如同人類終身都能學習新技能，最好的 AI 可自行應用於從未遇過的領域（只需稍微重組即可）。

人工智慧一詞有種氛圍，讓人覺得它既神祕又先進。某些人相信 AI 能讓電腦思考、感覺、體驗有意識的思維（如同人類所為）；電腦能否做到是個未決的難題，遠遠超出本章範圍。本章設計的 AI 相當簡單，能夠把遊戲玩得很好，但無法真心寫情詩或感覺沮喪跟渴望（依筆者看來是如此！）。

在此的 AI 會玩點格棋（*dots and boxes* 或稱作**圍地盤**）——一個簡單卻非凡的全球遊戲。我們將從繪製遊戲板（棋盤）開始。接著設計函數，以在遊戲中計分。也將產生遊戲樹（game tree 或稱作競賽樹），表示該遊戲可行動的所有組合。最後將介紹 minimax 演算法，這是一個簡明的方法，只需幾行程式即可完成 AI 實作。

La Pipopipette（點格棋）

點格棋是法國數學家盧卡斯（Édouard Lucas）發明的遊戲，其名為 *la pipopipette*（點格棋），以點陣（*lattice*）或點格（grid of points）為主，如圖 10-1 所示。

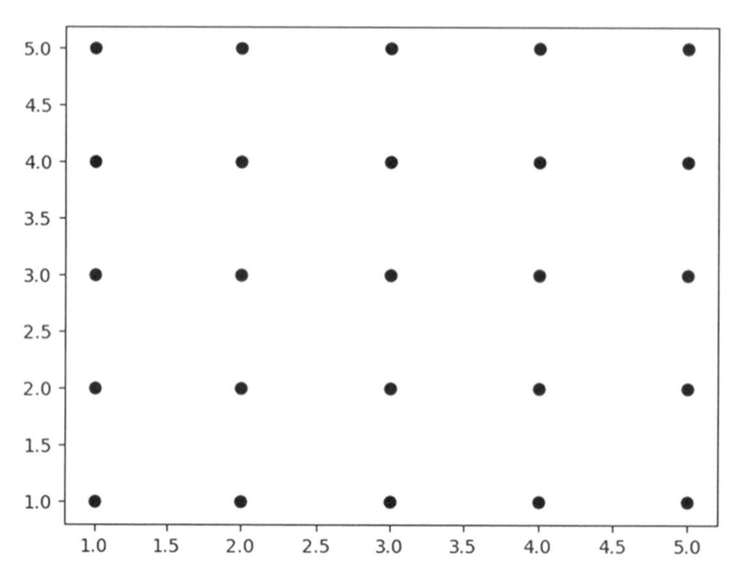

圖 10-1：點陣或點格（作為點格棋的遊戲板）

點陣通常為矩形，不過也可以是任何形狀。兩位玩家相競，輪流進行比賽。每一回合，某位玩家可以畫一條線，將點陣的兩相鄰點連接。若兩者使用不同顏色畫線，則線段的區別一目了然，然而這並非必要的項目。隨著遊戲進行，直到連接相鄰點的所有線段都畫上去，點陣將畫滿線段。該遊戲進行過程的示例，如圖 10-2 所示。

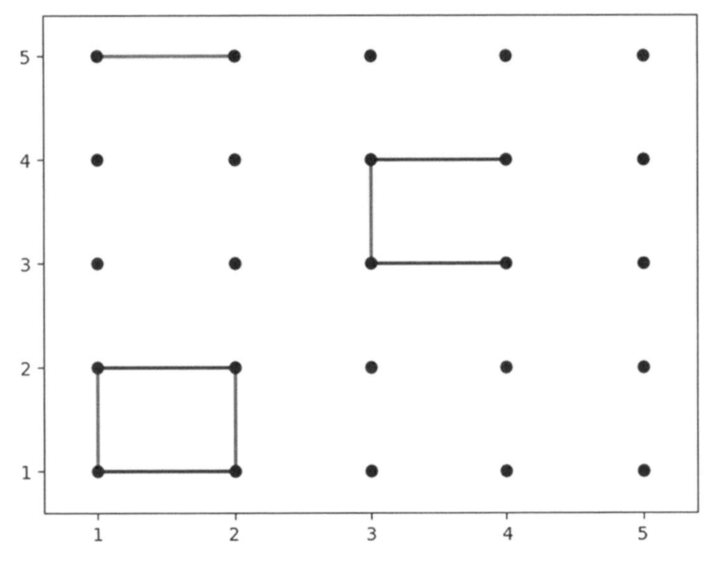

圖 10-2：點格棋（遊戲進行中）

點格棋玩家的目標是畫出的線段能夠形成正方形。如圖 10-2 中，遊戲板左下方已完成一個正方形。只要玩家畫出的線段可以形成一個正方形，即可獲得一分。遊戲板右上方，有另一個正方形已經畫出三邊。輪到玩家一的回合，若其在該回合中，於 (4,4)、(4,3) 兩點畫一條線，則會得到一分。反之，若其選擇畫另一條線，譬如連接 (4,1)、(5,1) 兩點的線段，則將把得分機會讓給玩家二，將此正方形畫完，而得一分。玩家在板子完成最小方形（邊長為 1 單位）方能得分。當點陣完全畫滿線段時，得分最多的玩家獲勝。此遊戲會有一些變化版本，其中包括各種遊戲板（棋盤）形狀、更進階的規則，不過本章建置的簡單 AI 僅採用上述描述的規則。

遊戲板繪製

遊戲板的繪製對於演算法目的而言並非絕對必要，不過此舉可以更容易將其中論述的想法視覺化。以下是相當簡單的 Python 繪圖函數，以迴圈取出 x、y 座標，使用 `matplotlib` 模組的 `plot()` 函數繪製 $n \times n$ 點陣：

```
import matplotlib.pyplot as plt
from matplotlib import collections as mc
def drawlattice(n,name):
    for i in range(1,n + 1):
        for j in range(1,n + 1):
            plt.plot(i,j,'o',c = 'black')
    plt.savefig(name)
```

此程式的 n 表示點陣每邊長度，另外我們將引數傳入 name 表示輸出內容的存檔路徑。c = 'black' 引數指定點陣各點的顏色。下列指令可建立 5 × 5 的黑色點陣（包含點陣輸出儲存）：

```
drawlattice(5,'lattice.png')
```

此指令建置的結果即為圖 10-1 所示的內容。

遊戲內容表示

點格棋由連續繪製的線段組成，因此可以將該遊戲以有序線段串列記錄。正如之前章節所做的方式，我們將一條線（一行動）表示成兩個有序成對資料（線段端點）所構成的串列，例如，把 (1,2)、(1,1) 的線段表示成以下串列：

```
[(1,2),(1,1)]
```

遊戲將為此種線條的有序串列，如以下範例所示：

```
game = [[(1,2),(1,1)],[(3,3),(4,3)],[(1,5),(2,5)],[(1,2),(2,2)],[(2,2),(2,1)],[(1,1),(2,1)], \
[(3,4),(3,3)],[(3,4),(4,4)]]
```

此遊戲內容為圖 10-2 所示的情況。因為點陣並未畫滿所有的線段，所以顯然呈現的是遊戲仍在進行中。

我們可以擴充 drawlattice() 函數的內容，新建 drawgame() 函數。此函數描繪遊戲板的點，以及目前遊戲中已產生的所有線段。示例 10-1 為此函數內容。

```
def drawgame(n,name,game):
    colors2 = []
    for k in range(0,len(game)):
        if k%2 == 0:
            colors2.append('red')
        else:
            colors2.append('blue')
    lc = mc.LineCollection(game, colors = colors2, linewidths = 2)
    fig, ax = plt.subplots()
    for i in range(1,n + 1):
        for j in range(1,n + 1):
            plt.plot(i,j,'o',c = 'black')
    ax.add_collection(lc)
    ax.autoscale()
    ax.margins(0.1)
    plt.savefig(name)
```

示例 10-1：遊戲繪圖函數實作（繪製點格棋遊戲板）

此函數如同 drawlattice() 需要將引數傳入 n、name，也有與 drawlattice() 一模一樣的巢狀迴圈用於繪製點陣點。而函數擴充的部分，第一項是 colors2 串列，起初內容為空，之後會以線段描繪所指定的顏色填寫。點格棋的兩位玩家輪流畫線，所以將針對兩位玩家使用不同顏色畫線——第一位玩家用紅色線，第二位玩家用藍色線。color2 串列定義之後的 for 迴圈，以 'red'、'blue' 兩項交替填寫，直到填入的顏色項數與遊戲行動量一樣多。其他額外新增的程式碼用於建立與描繪線段集（遊戲行動而生的線段集合），如同之前章節描繪線段集的方法一樣。

NOTE 本書非彩色印刷，點格棋也不見得要彩色版。不過此程式仍然將色彩包括在內，因此讀者在執行此程式時依然能看到彩色結果。

我們以一行程式碼呼叫 drawgame() 函數：

```
drawgame(5,'gameinprogress.png',game)
```

此結果即為圖 10-2 所示的內容。

遊戲計分

接下來要設計點格棋計分函數。首先設立一個函數，接受任何遊戲進度，找出已完整描繪的正方形，隨後設計另一個函數用於計算分數。函數會疊代處理遊戲所有線段，計數完整正方形的數量。若線條是水平線段，則檢查遊戲中是否也畫了正方形的下邊平行線，與其左右兩邊線段，以確定此水平線是否為該完整正方形的上邊。示例 10-2 為此函數實作內容：

```
def squarefinder(game):
    countofsquares = 0
    for line in game:
        parallel = False
        left=False
        right=False
        if line[0][1]==line[1][1]:
            if [(line[0][0],line[0][1]-1),(line[1][0],line[1][1] - 1)] in game:
                parallel=True
            if [(line[0][0],line[0][1]),(line[1][0]-1,line[1][1] - 1)] in game:
                left=True
            if [(line[0][0]+1,line[0][1]),(line[1][0],line[1][1] - 1)] in game:
                right=True
            if parallel and left and right:
                countofsquares += 1
    return(countofsquares)
```

示例 10-2：方形找尋函數實作（點格棋遊戲板中完整正方形的個數計算）

此函數傳回 countofsquares 值（其函數初始值為 0），函數的 for 迴圈疊代取得遊戲中的所有線段。我們一開始假設目前的遊戲中，尚未處理到這些線段之下的平行線，也沒有處理到連接兩平行線的左右邊線。若取出的線段是水平線，則檢查其下平行線、左邊線、右邊線是否存在。若發現正方形四邊線段皆出現在遊戲中，則 countofsquares 變數值加 1。以此，countofsquares 記錄目前遊戲中完整正方形的總數。

此刻要撰寫簡短函數，計算遊戲分數。將分數記錄成內有兩個元素的串列（譬如：[2,1]）。分數串列的第一個元素表示第一位玩家的分數，第二個元素表示第二位玩家的分數。示例 10-3 為計分函數內容。

```
def score(game):
    score = [0,0]
    progress = []
    squares = 0
    for line in game:
        progress.append(line)
        newsquares = squarefinder(progress)
        if newsquares > squares:
            if len(progress)%2 == 0:
                score[1] = score[1] + 1
            else:
                score[0] = score[0] + 1
        squares=newsquares
    return(score)
```

示例 10-3：計分函數實作（點格棋遊戲進行時的計分功能）

計分函數依序遍歷遊戲中每一線段，就此關注的遊戲部分內容，是一直進行到目前回合所畫的線段。若遊戲一部分中所畫的正方形總數高於前一回合所畫的正方形數目，則結論是輪到該回合的玩家可以得分，將其分數加 1。執行 print(score(game)) 可印出遊戲的分數，可印出目前遊戲（如圖 10-2 所示）的分數。

遊戲樹及贏得比賽

目前已說明點格棋描繪與計分方式，接著探究獲勝的方法。點格棋可能並不是特別吸引人的遊戲，不過獲勝方式與西洋棋、跳棋、井字遊戲得勝方法雷同，這些遊戲的取勝演算法，可以為生活中遇到的各種競爭情況提供新思維。制勝戰略要素即是有系統地分析目前行動的未來結果，而選擇能夠造就最佳未來的行動。乍聽之下同義反覆（tautological），不過完成目標的方式將涉及仔細地系統分析；這可以採用樹的形式處理（類似第 9 章所建的樹）。

以圖 10-3 所示的未來可能結果為例。

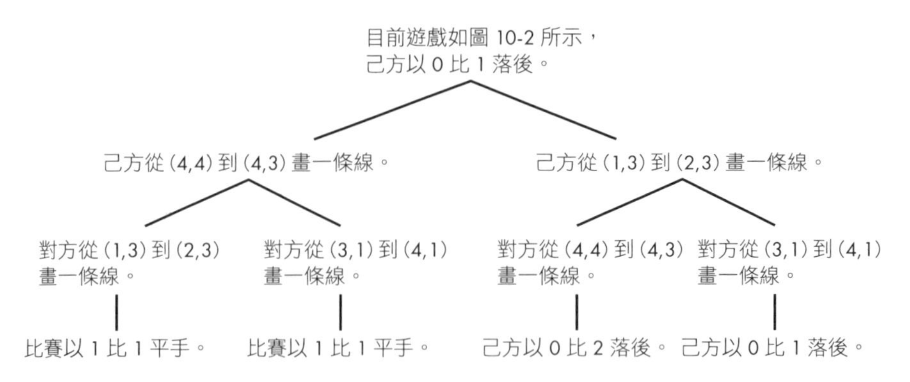

圖 10-3：遊戲樹（某些可能的遊戲進展）

從樹頂開始論述，考量目前情況：己方以 0 比 1 落後，輪到己方行動。其中考慮的是往左分支行動：從 (4,4) 到 (4,3) 畫一條線。此舉將完成一個正方形，獲得一分。無論對方做出什麼行動（參閱圖 10-3 左下方兩個分支所列的可能情況），皆會於其行動之後讓遊戲處於平手狀態。相較之下，若在目前己方回合中，從 (1,3) 到 (2,3) 畫一條線，如圖 10-3 的右分支所述，隨後對方可以選擇從 (4,4) 到 (4,3) 畫一條線，完成一個正方形，獲得一分，或者畫另外一條線，譬如連接 (3,1)、(4,1)，讓分數維持在 0 比 1。

注意這些可能情況，在兩個行動之內，遊戲可能處於三種不同的比數：1 比 1、0 比 2、0 比 1。就這棵樹而言，因為從該分支擴展的每個可能情況，比右分支擴展的可能情況，皆可獲得較好的分數，所以顯然己方應該選擇左分支。這種推論形式乃 AI 決定最佳行動的要素——建立遊戲樹，檢查遊戲樹所有終端節點的結果，使用簡單遞迴推論決定要採取的行動（依該決定所選擇的未來而定）。

圖 10-3 的遊戲樹相當不完整。似乎只有兩種可能的行動（左分支、右分支），在每種行動執行之後，對方只有兩個行動可選。當然，這並不正確；兩位玩家應有許多選擇。請記住，玩家可以連接點陣中任何兩相鄰點。表示我們遊戲進行到此刻的實際遊戲樹，有許多分支，每個分支即為每位玩家一個可能的行動。樹的每一層皆如實呈現：不只己方有很多行動可選，對方亦是如此，而且每個行動對應樹上的點，都有其所屬的可行動分支。只有到比賽尾聲，幾乎已畫完所有線段之際，可能的行動個數才會降至一、二個。圖 10-3 因為頁面空間有限不

足容納，所以並無描繪遊戲樹的每個分支——此篇幅只能包含幾個行動，僅用於說明遊戲樹概念與相關思考過程。

可以設想遊戲樹擴展至任何深度——應該顧及的不只是己方的行動與對方的反擊，還有對方反擊之後己方的回擊，以及對方針對己方這個回擊所做的反擊……，若願意持續擴展遊戲樹，就能依此類推下去。

樹的建置

在此所建的遊戲樹與第 9 章的決策樹有所不同。最主要的差異是目的：決策樹可依特徵分類與預測，而遊戲樹僅僅描述所有可能的未來。因為目的不一樣，所以建置方式也會不同。別忘了，第 9 章中必須選擇某變數、某分割點予以決定樹的某個分支。而在此，因為每個可能行動皆有一個分支，所以知曉接下來的分支為何並不難。其中需要做的就是產生遊戲中每個可能行動的串列。我們可以用一組巢狀迴圈實作，衡量點陣各點可能的連接情況：

```
allpossible = []

gamesize = 5

for i in range(1,gamesize + 1):
    for j in range(2,gamesize + 1):
        allpossible.append([(i,j),(i,j - 1)])

for i in range(1,gamesize):
    for j in range(1,gamesize + 1):
        allpossible.append([(i,j),(i + 1,j)])
```

上述程式片段首先定義 `allpossible` 空串列、`gamesize` 變數（即點陣的邊長）。接著有兩個迴圈，第一個用於將垂直行動加入可能行動串列中。注意，對於每個 `i`、`j` 值，該迴圈將 `[(i,j),(i,j - 1)]` 所示的行動加入可能行動串列中，其每次皆為垂直線。第二個迴圈功能類似，針對 `i`、`j` 的每個組合，將 `[(i,j),(i + 1,j)]` 水平行動加入可能行動串列中。最終 `allpossible` 串列會含有所有可能的行動。

若仔細思考遊戲的進行，如圖 10-2 所示的情況，你會發現並非每個行動皆可行。若某位玩家已在遊戲中執行特定行動，則遊戲的其餘時候，任何玩家皆不可再度採用該行動。我們需要某種刪除方法，移除可能行動串列中已執行的各個行動，使得串列剩餘的內容為目前遊戲可進行的行動。此一實作不難：

```
for move in allpossible:
    if move in game:
        allpossible.remove(move)
```

如上所示，疊代取用可能行動串列的所有元素，若為已執行的行動，則將其從串列中移除。最終的串列，只含有目前遊戲可進行的行動。可以執行 `print(allpossible)` 檢視這些行動，確認是否正確。

此時有個串列，內含所有可能行動，接著可以建構遊戲樹。就此將以巢狀的行動串列表示遊戲樹。注意，每個行動皆可以用一個有序成對資料串列表示，譬如：`[(4,4),(4,3)]` 為圖 10-3 左分支第一個行動。若要表達一棵樹，其只有圖 10-3 上方兩個行動，則如下所示：

```
simple_tree = [[(4,4),(4,3)],[(1,3),(2,3)]]
```

該樹只包含兩個行動：圖 10-3 目前遊戲狀態中正在考慮的可行行動。若想要涵蓋對方的可能反擊，則必須加入另一層巢狀內容。實作的方式是以**子節點**（*children*）形式將每個反擊行動加入串列中，這些行動是從原本的行動分展出來的。首先加入空串列，用於放入某個行動的子節點：

```
simple_tree_with_children = [[[(4,4),(4,3)],[]],[[(1,3),(2,3)],[]]]
```

花點時間確認實作出來的所有巢狀內容。每個行動本身是個串列（A），也是另一個串列（B）的第一個元素（串列 B 也包含串列 A 的子節點串列）。而上述所有放入一個主串列中（表示該樹所有內容的最外圍串列）。

可以用此巢狀串列結構表達圖 10-3 所示的整個遊戲樹（包含對方的反擊行動）：

```
full_tree = [[[(4,4),(4,3)],[[(1,3),(2,3)],[(3,1),(4,1)]]],[[(1,3),(2,3)],[[(4,4),(4,3)],\
[(3,1),(4,1)]]]]
```

中括號速增，讓內容顯得繁重，在此需要巢狀結構，方能正確記錄某行動的子行動（反擊行動）為何。

可以利用函數建立遊戲樹（而非手動寫出來）。函數以可行動的串列作為輸入，將每個行動加入樹中（示例 10-4）。

```
def generate_tree(possible_moves,depth,maxdepth):
    tree = []
    for move in possible_moves:
        move_profile = [move]
        if depth < maxdepth:
            possible_moves2 = possible_moves.copy()
            possible_moves2.remove(move)
            move_profile.append(generate_tree(possible_moves2,depth + 1,maxdepth))
        tree.append(move_profile)
    return(tree)
```

示例 10-4：遊戲樹產生函數實作（建立特定深度的遊戲樹）

generate_tree() 函數首先定義空串列 tree，接著疊代取用每個行動，為每個行動各自建立 move_profile。起初 move_profile 只含有該行動本身，而對於尚未到達樹底（最大深度）的分支，需要將這些行動的子節點串列加入。我們遞迴加入子節點串列：再度呼叫 generate_tree 函數，不過此時已從 **possible_moves** 串列中移除一個行動。最後將 move_profile 串列加入 tree 中。

僅需要幾行程式碼就可以執行此函數：

```
allpossible = [[(4,4),(4,3)],[(4,1),(5,1)]]
thetree = generate_tree(allpossible,0,1)
print(thetree)
```

執行之後可輸出下列的樹：

```
[[[(4, 4), (4, 3)], [[[(4, 1), (5, 1)]]]], [[(4, 1), (5, 1)], [[[(4, 4), (4, 3)]]]]]
```

接著要加入兩個功能（示例 10-5），讓此樹更有用途：第一個是依行動記錄遊戲比數，第二個附加空白串列（為子節點保留置放處）。

```
def generate_tree(possible_moves,depth,maxdepth,game_so_far):
    tree = []
    for move in possible_moves:
        move_profile = [move]
        game2 = game_so_far.copy()
        game2.append(move)
        move_profile.append(score(game2))
        if depth < maxdepth:
            possible_moves2 = possible_moves.copy()
            possible_moves2.remove(move)
            move_profile.append(generate_tree(possible_moves2,depth + 1,maxdepth,game2))
        else:
            move_profile.append([])
        tree.append(move_profile)
    return(tree)
```

示例 10-5：遊戲樹產生函數實作（其中包含子行動與遊戲比數）

再度呼叫此函數：

```
allpossible = [[(4,4),(4,3)],[(4,1),(5,1)]]
thetree = generate_tree(allpossible,0,1,[])
print(thetree)
```

執行結果如下所示：

```
[[[(4, 4), (4, 3)], [0, 0], [[[(4, 1), (5, 1)], [0, 0], []]]], [[(4, 1), (5, 1)], [0, 0], \
[[[(4, 4), (4, 3)], [0, 0], []]]]]
```

其中顯示，此樹每個項目皆為完整的行動概況，內含一個行動（譬如：`[(4,4),(4,3)]`）與對應比數（譬如：`[0,0]`），還有一個子節點串列（有時為空串列）。

贏得比賽

此刻終於可以設計函數，好好玩點格棋。撰寫相關程式之前，先探究其背後原理。具體而言，身為人類的我們要如何把點格棋玩好？而更一般的說法是，人們如何於任何戰略遊戲中出奇制勝（譬如西洋棋或井字遊戲）？每一種遊戲都有獨特規則與特徵，不過有個通用方法，可就遊戲樹的分析，選擇制勝的戰略。

決定制勝戰略所用的演算法稱為 *minimax*（此為 *minimum*、*maximum* 兩字的組合），如此稱之的原因是在遊戲中，己方試圖將己方的分數最大化，而對方想要將己方的分數最小化。力求己方分數最大化與對方渴望己方分數最小化，此兩者不斷的搏鬥，是我們在選擇正確行動時所必須做的戰略考量。

仔細檢視圖 10-3 的簡單遊戲樹。理論上，遊戲樹可大量擴展，讓樹的深度變深，每層分支數量變多。不過任何遊戲樹，無論大小，皆由相同元件組成：多個小的巢狀分支。

就圖 10-3 考量的情況，其中有兩個選擇。如圖 10-4 所示。

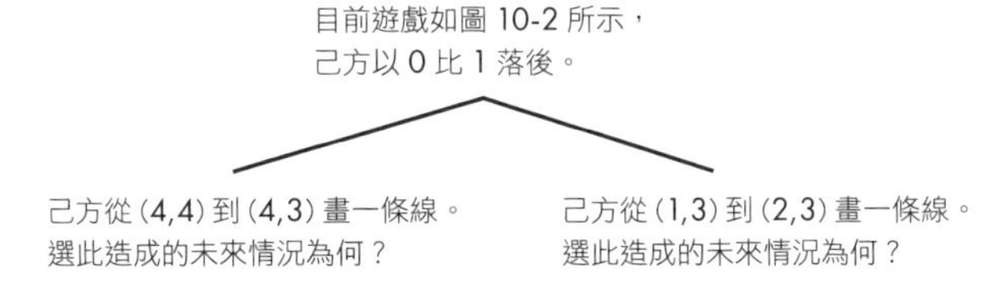

圖 10-4：考慮要選哪一個行動（就兩個行動來說）

在此的目標是將己方的分數最大化。要在這兩個行動之中做出決定，需要知道兩者將造成的結果，每個行動產生的未來情況。對此，需要對遊戲樹向下走訪更遠一些，檢視所有的可能結果。我們先從右邊的行動開始（圖 10-5）。

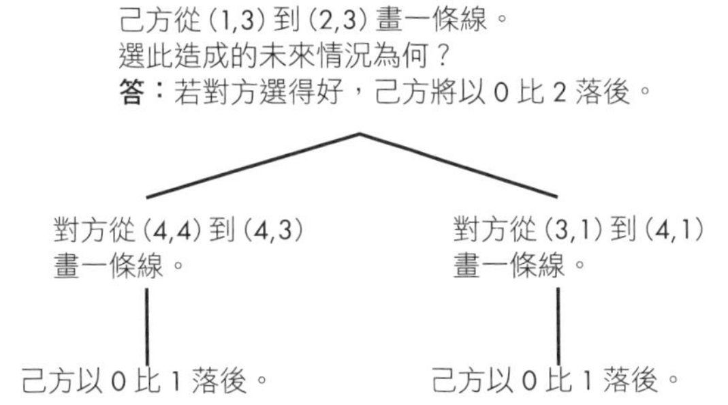

圖 10-5：假定對方試圖將己方分數最小化，而判斷預期行動造成的未來情況

此舉可能會有兩種可能的未來情況：在樹的結尾，以 0 比 1 落後或以 0 比 2 落後。若對方選得好，對方想要他的分數最大化，與他希望己方分數最小化的意思雷同。若對方想把己方分數最小化，對方將選擇讓己方以 0 比 2 落後的行動。相較之下，考量己方另一個選項，圖 10-5 的左分支，圖 10-6 為其中考量的可能未來情況。

己方從 (4,4) 到 (4,3) 畫一條線。
選此造成的未來情況為何？
答：若對方選得好，比賽以 1 比 1 平手。
對方從 (1,3) 到 (2,3) 畫一條線。
對方從 (3,1) 到 (4,1) 畫一條線。
比賽以 1 比 1 平手。
比賽以 1 比 1 平手。

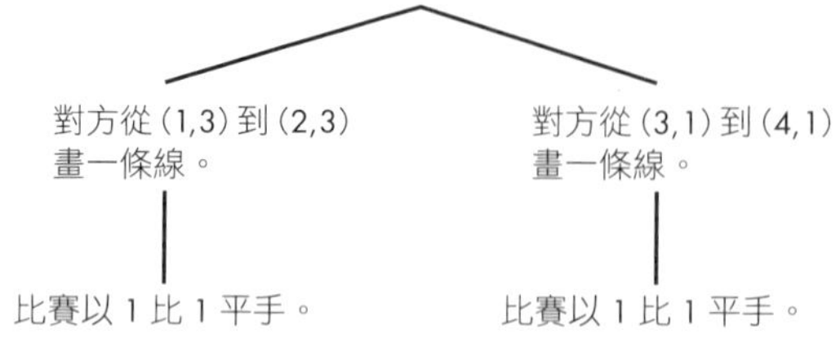

圖 10-6：無論對方選擇為何，預期的結果相同

在此，對方的兩種選擇皆會導致 1 比 1 平手。我們再度假定對方將採取行動，期望將己方分數最小化，結果是此舉導致遊戲的未來情況為 1 比 1 平手。

目前已知這兩個行動引起的未來情況。圖 10-7 為圖 10-4 的更新版本，註明了這些未來情況。

因為我們確切知道兩個行動各個預期衍生的未來情況，所以可以進行最大化作業：造就最大（最佳）分數的行動，是左邊的行動，因此選之。

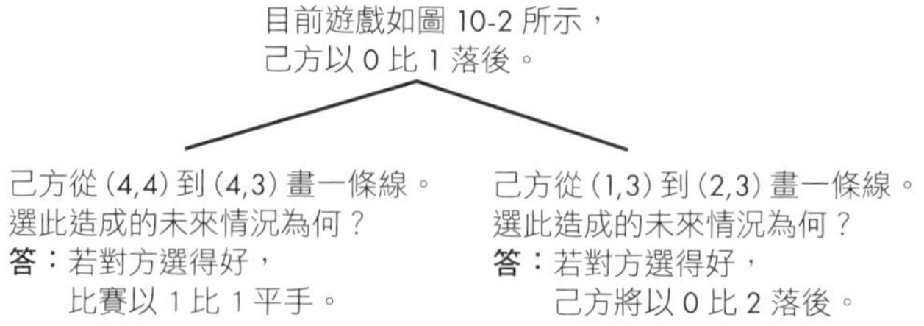

目前遊戲如圖 10-2 所示，
己方以 0 比 1 落後。
己方從 (4,4) 到 (4,3) 畫一條線。
選此造成的未來情況為何？
答：若對方選得好，
比賽以 1 比 1 平手。
己方從 (1,3) 到 (2,3) 畫一條線。
選此造成的未來情況為何？
答：若對方選得好，
己方將以 0 比 2 落後。

圖 10-7：利用圖 10-5、圖 10-6，可以推論每個行動造成的未來情況，然後依此選定

上述的推論程序稱為 minimax 演算法。在此的決策是將己方分數最大化。不過若要將己方分數最大化，必須考量對方試圖將己方分數最小化的各種行動。因此，最佳選項是極小值中最大的那一個。

注意，minimax 逆時進行。遊戲從現在到未來順時進行。但意義上而言，minimax 演算法會以未來時間倒退進行，原因是首先考量未來的分數，才回到現在，找出通往最佳未來的當前選擇。以遊戲樹情況為例，minimax 函數可從樹頂開始進行，在其各個子分支遞迴呼叫 minimax。在子分支的子分支中，逐一遞迴呼叫 minimax。此遞迴呼叫持續至終端節點為止，位於終端節點時，不再呼叫 minimax，而是計算這些節點的遊戲分數。因此，先計算終端節點的遊戲分數；先從未來的遊戲得分開始計算。將這些分數傳回給其父節點，使得父節點可以計算與自己相關的遊戲最佳行動與對應分數。透過遊戲樹將這些分數、行動傳回，直至最頂端的父節點（即當前時刻）。

示例 10-6 為 minimax 函數實作。

```
import numpy as np
def minimax(max_or_min,tree):
    allscores = []
    for move_profile in tree:
        if move_profile[2] == []:
            allscores.append(move_profile[1][0] - move_profile[1][1])
        else:
            move,score=minimax((-1) * max_or_min,move_profile[2])
            allscores.append(score)
    newlist = [score * max_or_min for score in allscores]
    bestscore = max(newlist)
    bestmove = np.argmax(newlist)
    return(bestmove,max_or_min * bestscore)
```

示例 10-6：minimax 函數實作（決定遊戲樹中最佳行動）

minimax() 函數相當簡短。最重要的部分是 for 迴圈，疊代取用樹中每個行動概況。若行動概況無子行動，則將計算己方正方形與對方正方形數量差異，作為該行動的分數。若行動概況有子行動，則在每個子行動呼叫 minimax() 以得出每個行動的分數。接著要做的就是找出分數最大的行動。

呼叫 minimax() 函數找出遊戲任何進展中各個回合的最佳行動。呼叫 minimax() 之前，先確保一切定義正確。首先，定義遊戲，取得所有可能行動，程式碼與之前所用的內容完全一樣：

```
allpossible = []

game = [[(1,2),(1,1)],[(3,3),(4,3)],[(1,5),(2,5)],[(1,2),(2,2)],[(2,2),(2,1)],[(1,1),(2,1)],\
[(3,4),(3,3)],[(3,4),(4,4)]]

gamesize = 5

for i in range(1,gamesize + 1):
    for j in range(2,gamesize + 1):
        allpossible.append([(i,j),(i,j - 1)])

for i in range(1,gamesize):
    for j in range(1,gamesize + 1):
        allpossible.append([(i,j),(i + 1,j)])

for move in allpossible:
    if move in game:
        allpossible.remove(move)
```

接著產生完整的遊戲樹，該樹的深度擴展至三層：

```
thetree = generate_tree(allpossible,0,3,game)
```

完成遊戲樹之後，此刻可以呼叫 minimax() 函數：

```
move,score = minimax(1,thetree)
```

此時可以檢查最佳行動：

```
print(thetree[move][0])
```

最佳行動為 [(4, 4), (4, 3)]，完成一個正方形而得一分的行動。在此的 AI 可以玩點格棋，選擇最佳行動！讀者可以嘗試其他大小的遊戲板、不同的遊戲情境、不同深度的樹，進而檢驗上述 minimax 演算法實作是否能夠妥善運作。本書續集有機會可以討論如何確保 AI 不會具有邪惡的自我意識，並試圖以武力打倒人類。

能力強化

目前你已能執行 minimax，可以用它玩任何遊戲，或者將其應用於生活決策中，考量未來，將每個極小的可能情況最大化。（對於任何競爭情境，minimax 演算法的結構雷同，不過若要將本章的 minimax 程式用於不同遊戲中，對於遊戲樹的產生、可能行動的列舉、遊戲分數的計算，必須撰寫新的程式碼。）

在此建構的 AI 能力不大，只能玩一個遊戲（而且是規則簡單的版本）。根據我們執行此程式所用的處理器，該 AI 可能只會往未來檢視幾個行動，對於每個決策不會耗費過分的時間（譬如幾分鐘，甚至更長時間）。因此我們自然會想要將這個 AI 的能力增強，讓它有更好的表現。

有個一定要改進的是——此 AI 的執行速度。速度慢的原因是它必須處理的遊戲樹很大。改進 minimax 效能的主要方法是修剪遊戲樹。修剪（或剪枝）——讀者可能會想起第 9 章提過這個字——正如其名：若認為分支相當不好，或是重複的分支，則可從遊戲樹中移除。修剪的實作並不容易，需要學習更多演算法才能做好。其中一個演算法是 *alpha-beta 修剪演算法*，若樹中某子分支劣於其他子分支，則將停止檢查該特定子分支。

本章 AI 另一個必改之處是，讓它能夠應用於不同規則或不同遊戲中。例如，點格棋中常用的規則是，在獲得一分後，玩家可以再畫另一條線。有時這會造成骨牌效應，其中一位玩家在一個回合連續完成許多正方形。這個簡單變化改變此遊戲的戰略考量，因而需要對本章的程式做些變更——此簡單變化可稱為筆者小學時操場上的「得分續攻」（make it, take it）遊戲規則。你也可以嘗試實作另一個 AI，可於十字形狀（或可能影響目前戰略的奇異形狀）遊戲板（棋盤）上玩點格棋。minimax 的好處在於不需細微的戰略理解；只需要向未來檢視的能力，因此不擅長西洋棋的程式設計師，也可以實作於西洋棋比賽中制勝的 minimax。

有些厲害的方法可以提高電腦 AI 的效能，這些方法已超出本章的範圍。其中包括增強式學習——reinforcement learning 或稱作強化學習（例如：西洋棋程式為了變得更強而與自己對戰）、蒙地卡羅法——Monte Carlo method（例如：日本將棋程式產生隨機的未來賽局予以協助理解可能情況）、類神經網路（例如：井字遊戲程式以類似第 9 章所述的機器學習方法預測對手作為）。這些方法能力非凡，不過其大多只是讓樹搜尋演算法、minimax 演算法有更好的效能；樹搜尋與 minimax 兩種演算法依然是戰略 AI 不起眼的主力核心。

本章總結

本章探討人工智慧。這是被大肆渲染的術語，倘若你發現只需十幾行程式碼就能實作 `minimax()` 函數，AI 驟然不會顯得如此神祕而嚇人了。當然，準備撰寫這些程式碼之前，我們必須學習遊戲規則，繪製遊戲板，建構遊戲樹，設定 `minimax()` 函數組態，正確計算遊戲結果；此外還要了解本書其餘內容，精心建構演算法，得以演算法思維行事，於需要之際實作演算法相關函數。

下一章針對雄心勃勃的演算法學家，為其後續進展（延續旅程，冀望邁向演算法領域邊際，進而推至更遠的前緣）提出下一步建議。

11

勇往直前

經過搜尋排序的黑暗森林，穿過深奧數學的嚴寒冰河，越過梯度上升的凶險山岳，跨過幾何障礙的泥濘沼澤，我們終於屠龍有成（解決執行時間緩慢之龍）。可喜可賀。若你願意的話，可即刻回到無演算法之憂的舒適圈中。本章是特別為讀完本書之後仍願意持續歷險的讀者而寫。

沒有一本書能夠涵蓋演算法的所有一切。要知道的項目多到數不清，而且一直有更多的內容被發現。本章涉及三件事：用演算法做更多事情；以更好更快的方式使用演算法；以及解開演算法最深奧的謎團。

本章將設計簡單的聊天機器人，可以與人談論本書章節內容。接著將討論世上最困難的問題，就我們製作演算法解決這些問題而言，論述其中可能的進展。最後將討論演算法領域最深奧的謎團，其中包括以高等演算法理論贏得一百萬美元的詳細說明。

用演算法做更多事情

本書前十章涉及的演算法，可用於諸多領域執行各種工作。不過演算法能做的比就此所見的還多，若想要繼續參與演算法探險，應該研究其他領域及其相關的重要演算法。

例如，許多資訊壓縮演算法，可用某種編碼方式，儲存一本書，而占用的空間僅為原始大小的一小部分，另外可以將複雜照片、影片檔壓縮成好處理的大小，而將影像品質的損失降至最小，甚至無損失。

達到線上安全通訊的能力，譬如將信用卡資訊安然傳給第三方，需要密碼演算法。密碼學（cryptography）的研究趣味十足，原因是其中伴隨一段由冒險者、間諜，洩密叛徒、大獲全勝的密碼技術狂人（因破解密碼而打贏戰爭）所組成的驚心動魄的歷史背景。

近來出現新創演算法用於執行平行分散式運算（parallel distributed computing）。分散式運算演算法並非一次執行一個運算（或作業），而是將資料集細分成許多部分，分配給不同的電腦，這些電腦同時執行所需運算、傳回運算結果，進而重組與呈現最終的輸出內容。同時（而非連續）處理資料各個部分，平行運算節省不少時間。對於機器學習應用而言，因其需要處理大量資料集、同時執行大量簡單運算，所以這是相當有用的方法。

幾十年來，人們對量子運算（quantum computing）潛力激動不已。若能夠設計出常態運作的量子電腦，執行極為困難的運算（包括破解目前最先進的密碼技術所需的運算）有可能僅要些微的時間，只占目前（非量子）超級電腦所需時間的微小部分。因為量子電腦與標準電腦兩者的架構不同，所以可設計新演算法，利用各別的物理特性以極速執行工作。目前因為量子電腦尚未達到實用狀態，所以這還是個學術議題，不過，倘若技術越來越成熟，量子演算法會越來越重要。

在學習上述領域（或其他領域）演算法時，並不用從頭開始學起。精通本書的演算法之後，算是掌握演算法的精髓：方法內容、運作方式、程式實作。學習第一個演算法會覺得相當困難，但學到第 50 個、第 200 個的時候就容易許多，原因是腦中對其建構方法、考量方式，已存在慣用的學習模式。

為了檢驗讀者目前能否理解、實作任何演算法，在此將探討一些演算法，這些演算法將一同運作，以完成聊天機器人的功能。若讀者可以依此處描述的演算法內容簡介，理出這些演算法運作方式、程式實作的頭緒，則就能夠學會各種領域的任何演算法的運作方式。

聊天機器人建置

在此設計簡單的聊天機器人，可以回答本書目錄相關問題。先匯入稍後要用的重要模組：

```
import pandas as pd
from sklearn.feature_extraction.text import TfidfVectorizer
from scipy import spatial
import numpy as np
import nltk, string
```

設計聊天機器人所採取的下一步是**文字正規化**（*text normalization*），此程序是將自然語言文字轉成標準化子字串（standardized substring）；使得表面差異的文字能夠輕易相比。在此希望該機器人曉得，*America* 與 *america* 是一樣的，*regeneration* 和 *regenerate* 表達的意義相同（僅詞性不同），*centuries* 為 *century* 的複數，*hello;* 與 *hello* 基本上沒有兩樣。期望聊天機器人將具相同字根（root 或稱作詞根）的單字，等同視之（有不得如此為之的情況除外）。

假定有下列詢問：

```
query = 'I want to learn about geometry algorithms.'
```

首先可以做的是將所有字元轉為小寫。可以用 Python 內建方法 lower() 處理：

```
print(query.lower())
```

輸出結果是 `i want to learn about geometry algorithms.`（我想要學幾何演算法）。另外可以做的是刪除標點符號。為此，將建立**字典**（*dictionary*）型別的 Python 物件：

```
remove_punctuation_map = dict((ord(char), None) for char in string.punctuation)
```

此程式片段會建立一個字典，將每個標準標點符號映射（對應）到 Python 物件 `None`，而將該字典儲存於 `remove_punctuation_map` 變數中。隨後使用此字典刪除所有標點符號：

```
print(query.lower().translate(remove_punctuation_map))
```

使用 `translate()` 方法取得詢問文字的所有標點符號，並以空物件取代這些符號——換句話說，移除所有標點符號。

在此輸出的文字與之前的內容相同——`i want to learn about geometry algorithms`——但是少了結尾的句號。接著可以進行**斷詞**（*tokenization*），將文字字串轉換為連貫的子字串串列：

```
print(nltk.word_tokenize(query.lower().translate(remove_punctuation_map)))
```

我們使用 `nltk` 的斷詞函數處理，進而產生下列輸出：`['i', 'want', 'to', 'learn', 'about', 'geometry', 'algorithms']`。

此時可以進行所謂的**詞幹提取**（*stemming*）。英文中，*jump*、*jumps*、*jumping*、*jumped* 等等衍生字皆為不同單字，不過都有相同的**詞幹**（*stem*）：即動詞 *jump*。我們不希望聊天機器人被字詞衍生的小差異困擾；雖然「jumping」與「jumper」事實上是不同單字，但我們期望分別敘述這兩個單字的句子能夠相提並論。詞幹提取會移除衍生字的尾端，轉成標準化單字詞幹。Python 的 `nltk` 模組有個詞幹提取函數可供使用，該函數可搭配串列綜合運算：

```
stemmer = nltk.stem.porter.PorterStemmer()
def stem_tokens(tokens):
    return [stemmer.stem(item) for item in tokens]
```

上述程式片段設計 stem_tokens() 函數。其接受單詞（token）串列輸入，呼叫 nltk 的 stemmer.stem() 函數，將這些單詞轉用詞幹呈現：

```
print(stem_tokens(nltk.word_tokenize(query.lower().translate(remove_punctuation_map))))
```

輸出結果是 ['i', 'want', 'to', 'learn', 'about', 'geometri', 'algorithm']。在此詞幹提取函數會將 *algorithms* 轉為 *algorithm*，將 *geometry* 轉成 *geometri*，會用其認為的詞幹取代原字詞：單數字詞或字詞的一部分（讓文字的比較更為容易）。最後，把上述正規化步驟放入 **normalize()** 函數中：

```
def normalize(text):
    return stem_tokens(nltk.word_tokenize(text.lower().translate(remove_punctuation_map)))
```

文字向量化

現在我們要學習將文字轉為數值向量了，「數值向量的量化比較」比「單字相互比較」要容易許多，在此需要做量化比較才能讓聊天機器人運作。

我們將使用簡單方法——*TFIDF*，即：**詞頻－逆向文件頻率**（*term frequency-inverse document frequency*）將文件內容轉換為數值向量。語料庫各個字詞在每個文件中皆有一個元素對應，每個元素是「該字詞的詞頻」（該字詞在特定文件中出現次數的原始計量）與「該字詞逆向文件頻率」（該字詞在所有文件中出現比例倒數的對數）兩者的乘積。

例如，假設我們正在為美國總統傳記建立 TFIDF 向量。就 TFIDF 向量建置背景而言，將每本傳記視為文件。林肯（Abraham Lincoln）的傳記中，*representative*（**眾議員**）這個字詞可能會出現兩次以上，理由是他曾於伊利諾州眾議院、美國眾議院擔任眾議員。若 *representative* 在此傳記中出現三次，則稱其詞頻為 3。十多位總統曾在美國眾議院任職，所以 44 本總統傳記中，可能有 20 本會出現 *representative* 字詞。因此上述的逆向文件頻率計算：

$$\log(\frac{44}{20}) = 0.788$$

我們要求出的最終值是逆向文件頻率乘以詞頻：$3 \times 0.788 = 2.365$。接著以 *Gettysburg*（蓋茨堡）這個字詞為例，它可能會在林肯的傳記中出現兩次，但在其他傳記中未曾出現過，因此詞頻為 2，而逆向文件頻率如下所示：

$$\log(\frac{44}{1}) = 3.784$$

與 *Gettysburg* 相關的向量元素是逆向文件頻率乘以詞頻，即：$2 \times 3.784 = 7.568$。每個詞語的 TFIDF 值應反映出該詞在某文件中的重要性。就稍後聊天機器人對使用者意圖的判斷能力而言，此值將有重大影響。

在此不必手動計算 TFIDF。可以使用 `scikit-learn` 模組的函數：

```
vctrz = TfidfVectorizer(ngram_range = (1, 1),tokenizer = normalize, stop_words = 'english')
```

此行程式碼使用 `TfidfVectorizer()` 函數，其可以建立文件集的 TFIDF 向量。為了建立此向量化工具（vectorizer），我們必須指定 `ngram_range`，對向量化工具告知字詞的定義。在此指定 `(1, 1)`，表示該向量化工具只將 1-gram（一個單字）視為字詞。若設定 `(1, 3)`，則將以 1-gram（一個單字）、2-gram（兩字片語）、3-gram（三字片語）為字詞，為每個字詞建立一個 TFIDF 元素。另外，我們還將 `tokenizer` 指定為方才設計的 `normalize()` 函數。最後必須設定 `stop_words`，指明想要濾掉的字詞（資訊不足的字詞）。英文的無用字（stop word 或稱作停用詞）包括 *the*、*and*、*of* 等極為常見的字詞。`stop_words = 'english'` 這個設定告知向量化工具濾掉內置的一組英文無用字，只對不常出現、資訊充足的單字向量化（vectorize）。

現在要設定聊天機器人能談論的內容組態。為了讓它能談論本書章節內容，我們將建立將相關串列，其中包含非常簡單的各章描述。於這個背景下，每個字串代表一個**文件**。

```
alldocuments = ['Chapter 1. The algorithmic approach to problem solving, including Galileo and
baseball.',
           'Chapter 2. Algorithms in history, including magic squares, Russian peasant
multiplication, and Egyptian methods.',
           'Chapter 3. Optimization, including maximization, minimization, and the gradient
ascent algorithm.',
           'Chapter 4. Sorting and searching, including merge sort, and algorithm runtime.',
           'Chapter 5. Pure math, including algorithms for continued fractions and random
numbers and other mathematical ideas.',
           'Chapter 6. More advanced optimization, including simulated annealing and how to
use it to solve the traveling salesman problem.',
           'Chapter 7. Geometry, the postmaster problem, and Voronoi triangulations.',
           'Chapter 8. Language, including how to insert spaces and predict phrase
completions.',
           'Chapter 9. Machine learning, focused on decision trees and how to predict
happiness and heart attacks.',
           'Chapter 10. Artificial intelligence, and using the minimax algorithm to win at
dots and boxes.',
           'Chapter 11. Where to go and what to study next, and how to build a chatbot.']
```

接著將 TFIDF 向量化工具配適（*fitting*）至這些章節描述中，進行文件處理，為隨時建 TFIDF 向量的需求做準備。因為 scikit-learn 模組有 fit() 方法可用，所以不必自行實作：

```
vctrz.fit(alldocuments)
```

此時針對章節描述與新詢問（詢問排序搜尋相關章節）建立 TFIDF 向量：

```
query = 'I want to read about how to search for items.'
tfidf_reports = vctrz.transform(alldocuments).todense()
tfidf_question = vctrz.transform([query]).todense()
```

新詢問是與搜尋相關的英文文字。隨後兩行程式碼使用內建方法 translate()、todense() 建立此 TFIDF 向量（針對章節描述與詢問內容的向量）。

現在我們已將章節描述、詢問內容轉成 TFIDF 數值向量了。簡單聊天機器人的運作是，將詢問內容的 TFIDF 向量與章節描述的 TFIDF 向量相比，進而獲得結論：使用者正在尋找的章節，即其描述向量與詢問向量最為符合者。

向量相似度

在此使用**餘弦相似度**（*cosine similarity*）方法判斷兩個向量是否相似。若深入研究幾何學你就會知道，對於任何兩個數值向量，可以計算兩者的夾角。利用幾何學規則能夠計算向量之間的角度，不只針對二維、三維，還有四維、五維，或任何維度皆可。若向量非常相似，彼此之間的角度會很小；若向量差異很大，其夾角角度也會很大。滿奇特的思維是，藉由求出兩句英文文字的「角度」，即可比較兩者的內容，不過這正是建立 TFIDF 數值向量的原因——針對（起初）非數值的資料能夠使用數值工具，譬如角度比較。

實務上，計算兩向量夾角餘弦值比計算夾角角度要容易許多。因為結論是，若兩個向量夾角餘弦值為大，則其夾角角度為小，反之亦然，所以相關計算不是問題。Python 的 `scipy` 模組有個 `spatial` 子模組，其內有計算向量夾角餘弦值的函數。我們可以使用 `spatial` 的這項功能，搭配串列綜合運算，計算各章描述向量與詢問向量夾角餘弦值：

```
row_similarities = [1 - spatial.distance.cosine(tfidf_reports[x],tfidf_question) for x in \
range(len(tfidf_reports)) ]
```

將 `row_similarities` 變數印出，顯示下列向量：

```
[0.0, 0.0, 0.0, 0.3393118510377361, 0.0, 0.0, 0.0, 0.0, 0.0, 0.0, 0.0]
```

在此，只有第四個元素大於零，表示僅第 4 章描述向量與詢問向量有接近（角）度。一般而言，可以自動找出哪一列具有最高的餘弦相似度：

```
print(alldocuments[np.argmax(row_similarities)])
```

這是聊天機器人認為詢問要找的章節：

```
Chapter 4. Sorting and searching, including merge sort, and algorithm runtime.
```

示例 11-1 將聊天機器人的簡單功能放入單一函數中。

```
def chatbot(query,allreports):
    clf = TfidfVectorizer(ngram_range = (1, 1),tokenizer = normalize, stop_words = 'english')
    clf.fit(allreports)
    tfidf_reports = clf.transform(allreports).todense()
    tfidf_question = clf.transform([query]).todense()
    row_similarities = [1 - spatial.distance.cosine(tfidf_reports[x],tfidf_question) for x in \
range(len(tfidf_reports)) ]
    return(allreports[np.argmax(row_similarities)])
```

示例 11-1：**簡單聊天機器人函數（接受詢問，傳回與其最相似的文件）**

示例 11-1 並無新內容；這些都是之前出現過的程式碼。此刻可以呼叫聊天機器人，詢問要找的東西在哪裡：

```
print(chatbot('Please tell me which chapter I can go to if I want to read about mathematics
algorithms.',alldocuments))
```

輸出結果表示需求的內容在第 5 章：

```
Chapter 5. Pure math, including algorithms for continued fractions and random numbers and other
mathematical ideas.
```

上述為聊天機器人整個運作方式，也呈現出正規化、向量化需求的原因。正規化與詞幹提取，可以確保因 *mathematics* 一詞讓機器人傳回第 5 章描述內容，儘管該單字並沒有明確出現在章節描述中也無妨。而透過向量化，得以用餘弦相似度指標，呈現出最符合需求的描述描述為何。

本章的聊天機器人已實作完成，其中整合數個簡短演算法（正規化、詞幹提取、文字的數值向量化演算法；向量夾角餘弦計算演算法；依詢問與文件向量相似度提供聊天機器人答覆的綜合演算法）。也許讀者會注意到我們沒有手動進行諸多運算——主要由匯入的模組完成 TFIDF、餘弦等計算，實務上，你往往不需要確實了解演算法的實作內容，即可在程式中匯入使用它們。如此可以增加工作速度，依我們的需求任意運用複雜驚人的工具，所以這算是個福分，但如此會導致人們濫用不諳的演算法，所以這也會是個詛咒；例如：《連線》（*Wired*）雜誌一篇文章宣稱，濫用特定金融演算法——利用高斯關聯結構函數（Gaussian copula function）預測風險的方法——是「扼殺華爾街」、「吞噬數兆美元」的罪魁禍首，也是經濟大衰退（Great Recession）主要肇因（*https://www.wired.com/2009/02/wp-quant/*）。即使匯入 Python 模組的便利使得演算法的研究似乎沒有必要，但還是建議讀者深入研究演算法的理論；這樣做必定可以讓自己成為更好的學者、行家。

這或許是最簡單的聊天機器人，只回答本書章節相關問題。讀者可以為此聊天機器人新增加強功能進而提升它的能力：讓章節描述更為明確，因而使得滿足廣泛詢問的可能性提高；改用優於 TFIDF 效能的向量化方法；補充更多文件，進而回答更多問題。雖然此聊天機器人不是最先進的，但是它是在本章中自行建置實作的，所以值得自豪。若讀者能夠自在設計自己的聊天機器人，則可以自認是個稱職的演算法設計師、實作者——恭喜讀者倘佯於本書之中獲得這個最終成就。

更好更快的改進

對於演算法來說，讀者此時應該可以比閱讀本書初期做更多事情。而認真的探險家也希望能夠把事情做得更好更快。

諸多事物可讓演算法設計與實作變得更好。回想本書每個演算法，是如何針對非演算法主題，有某種程度的理解，而實作出來。對物理學還有一點心理學的理解，而有接球演算法。憑藉指數的認知、算術的深層性質（包括二進位表示法），而得出俄羅斯農民乘法。對點、線、三角形關聯與配合的見解，而理出第 7 章的幾何演算法。若對試圖設計演算法的領域有越深入的了解，就越容易設計、實作演算法。因此，演算法的改進方法很簡單：即完全了解一切。

對於新進的演算法探險家來說，下一步自然是磨練、再磨練原始程式設計技能。別忘了，第 8 章介紹串列綜合運算，它身為 Pythonic 工具，能夠撰寫簡潔有效率的語言演算法。學習更多的程式語言，精通其中的功能，就能夠寫出更有條理、更為簡潔、功能更強的程式。即使是熟練的程式設計師，也可以從基礎知識的複習與精通之中獲益（直到習慣成自然）。許多技術高超的程式設計師寫出條理不清、說明不佳、毫無效率的程式，他們認為程式「能動」就好，可以交差了事。但是注意，通常這樣的程式碼本身並不算成功——其幾乎都只是重大程式、團隊成果、大型商業專案的一部分，往往需要多人合作、隨著時間累積出最終結果。因此，甚至是規劃、溝通（口頭或書面）、協商、團隊管理等軟性技能，也能將演算法領域的成功機會提高。

若讀者喜愛設計完美的最佳演算法，將它們調整至最高效率的模樣，則你的運氣不錯。對於巨量的電腦科學問題，除了暴力法，並無執行更快速的有效率演算法。下一節將簡述其中幾個問題，討論這些問題的難處，若讀者（親愛的探險家）能設計出演算法迅速解決其中任何問題，則下半輩子的名聲、財富、感激源源不絕。那還在等什麼呢？接著來看看其中勇氣可嘉之人所面臨的一些挑戰。

雄心勃勃的演算法

以比較簡單的西洋棋問題為例。西洋棋的棋盤為 8×8，玩家雙方輪流移動各自的一組棋子。皇后（棋子）可以就目前位置沿著列、行、對角線方向任意移動（格數不限）。通常，每位玩家只有一個皇后，不過在標準西洋棋比賽中可能多達九個皇后。若一位玩家有多個皇后，可能是兩個以上的皇后「攻擊」對方——換句話說，這些皇后位於同一列、同一行或同一對角線。**八皇后問題**（*eight queens puzzle*）要求將八個皇后放在標準棋盤上，而沒有任何一對皇后會在同一列、同一行、同對角線位置。圖 11-1 顯示八皇后問題的一個解法。

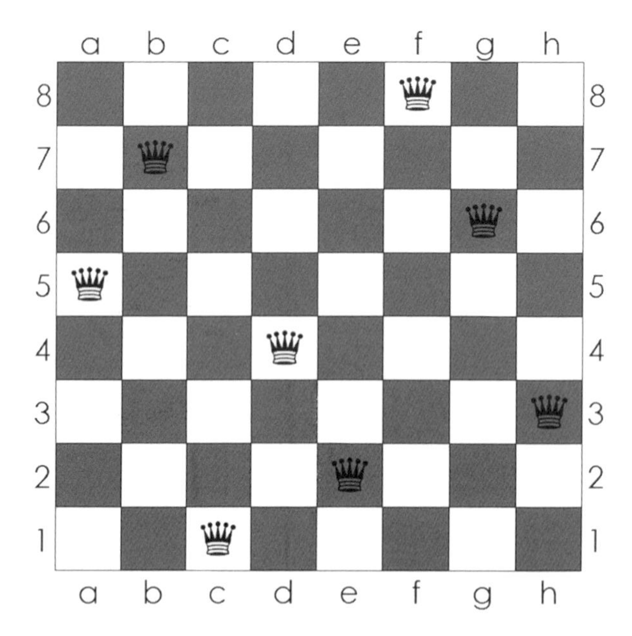

圖 11-1：八皇后問題一解（圖片來源：維基共享資源）

該棋盤上沒有皇后能攻擊其他皇后。八皇后問題最簡單解法是只記住一個正確解，如圖 11-1 的解，而在被要求解此問題時重複以此解回應。然而，此問題附加的一些額外變化，使得記憶法不管用。其中一個變化是增加皇后數量與棋盤大小。*n* **皇后問題**要求把 *n* 位皇后擺在 $n \times n$ 棋盤上，使得沒有皇后能攻擊其他皇后；*n* 可以是任何自然數值（無論有多大）。另一個變化是 *n* **皇后完成問題**（*n queens completion problem*）：對手先把一些皇后放在某些地方，也許這些位置會讓己方之後難以放置其他皇后，己方必須放置其他 *n* 個皇后，使得任一皇后無法攻擊其他皇后。你能夠設計一個演算法，既可解決該問題又能快速執行嗎？若可以的話，就能贏得一百萬美元（詳情請參閱第 244 頁的〈解開最深奧的謎團〉）。

因為圖 11-1 涉及檢查列、行的符號獨特性，所以可能會讓人想到數獨（sudoku）。數獨的目標是填寫數字 1 ～ 9，使得每列（9 格）、每行（9 格）與每個 3×3 區塊（9 格）三者分別須有九個數字（1 ～ 9）各一（圖 11-2）。數獨遊戲最初流行於日本，也讓人想起第 2 章探討的日本幻方。

5	3			7				
6			1	9	5			
	9	8					6	
8				6				3
4			8		3			1
7				2				6
	6					2	8	
			4	1	9			
				8			7	9

圖 11-2：未完成的數獨網格（來源：維基共享資源）

這是個有趣的練習：想想如何設計一個演算法，可以解決數獨問題。最簡單、最慢的演算法就是暴力法：只需嘗試各種數字組合，反覆檢查各個結果是否為正確解，重複運作，直到求出解。如此可行，但不夠俐落，可能需要很長的執行時間才行。依據任何人都可以輕易為之的規則，將 81 個數值填入網格中，直覺而論，這種方法似乎不正確，應該會用盡世界極限的運算資源。較複雜的解法可以依邏輯減少所需的執行時間。

n 皇后完成問題與數獨還有重要的共通特點：可輕易驗證所有解。也就是說，若棋盤上，皇后就位，大概只需要些許時間就能檢查是否為 n 皇后完成問題的解，若提出由 81 個數值組成的網格，可以輕易判斷其是否為數獨的正確解。可惜的是，檢查解與產生解，兩者的難易程度大相逕庭——解困難的數獨問題可能需要數小時，驗證結果卻只要幾秒鐘。這種產生與驗證的付出懸殊，常見於生活中諸多領域：人們幾乎可以毫不費力的判斷餐點是否美味，但創作豐盛佳餚需要投入相當多的時間、資源。同樣的，評斷畫作的好壞，比創作美麗畫作的時間要短許多；而驗證飛機是否能飛，比建造飛機付出的心力少很多。

對於難以用演算法解決卻可輕易驗證解答的問題，是理論電腦科學（theoretical computer science）的關注重點，這些問題是此領域最深奧、最緊要的謎團。特別勇敢的探險家可能不怕陷入這些謎團中——不過要小心裡面的險境。

解開最深奧的謎團

數獨解易於驗證卻難以產生的說法，更正式而言，意思是解的驗證可於**多項式時間**（*polynomial time*）內完成；換句話說，解的驗證所需步數是數獨遊戲板大小的某個多項式函數。回想第 4 章的執行時間論述，你應該知道儘管像 x^2、x^3 這樣的多項式可能成長迅速，不過也比像 e^x 這樣的指數函數的增長要慢很多。若能夠以多項式時間驗證問題的演算法解，則認定此驗證是容易的，但若產生解需要指數時間，則認為難以產生此解。

此類問題（可於多項時間內完成驗證）有個正式名稱：*NP* **複雜度類別**（*NP complexity class*）。（在此，NP 為 *nondeterministic polynomial time*——**非決定性多項式時間**簡稱，因解釋需要深奧的理論電腦科學知識，故於此不多贅述。）電腦科學中有兩個最基本的複雜度類別，NP 是其中之一。第二個是 *P*，即多項式時間。P 複雜度類別的問題，我們可用演算法在多項式時間內執行求出問題解。對於 P 問題，可以在多項式時間內**求出**全部解，而對於 NP 問題，我們可以在多項式時間內**驗證**解，卻可能需要指數時間才能找到這些解。

因此數獨是個 NP 問題——易於驗證提出的數獨解（需多項式時間）。數獨也是個 P 問題嗎？即，是否有演算法可以在多項式時間內解任何的數獨問題呢？至今未曾出現，似乎也沒有人快要找到了，但仍不確定這是不可能做到的事情。

目前已知的 NP 問題列表相當長。旅行業務員問題的某些版本是 NP 問題。魔術方塊（Rubik's cube）的最佳解也是這樣，還有重要數學問題，譬如整數線性規劃（integer linear programming）都是如此。如同數獨，我們想知道這些問題是否也是 P 問題——能否在多項式時間內求出這些問題的解？這個問題的另一種表達方式為：「P = NP ?」。

2000 年，克雷數學研究所（Clay Mathematics Institute）公佈一份千禧年大獎難題（Millennium Prize Problems）列表。宣告若有人對其中任何一個問題發表已驗證的解，將獲得一百萬美元。這份列表乃世界上七個最重要的數學相關問題，而「P = NP ?」這個問題，即列在其中；不過目前這題的獎項尚未頒授給任何人。讀到這裡的貴探險家們能快刀斬亂麻，終究會解決這個最關鍵的演算法問題嗎？筆者真誠期望有如此結果，祝福各位歷險旅途順利、堅強、愉快。

若此題有解，則將證明下列其中一個斷言：P = NP 或 P ≠ NP。因為解 NP 完備（NP-complete 或稱作 NP 完全）問題只需要一個多項式時間演算法解，所以 P = NP 的證明可能比較簡單。*NP 完備*問題是特殊類型的 NP 問題，特徵是每個 NP 問題都可以迅速轉成 NP 完備問題；換句話說，若能解決一個 NP 完備問題，就可以解決每個 NP 問題。若能在多項式時間內解決任何一個 NP 完備問題，則可以在多項式時間內解決每個 NP 問題，因此將證明 P = NP。本章提及的數獨、n 皇后完成問題正好都是 NP 完備問題。這意味著，只要就其中一個問題找到一個多項式時間演算法解，不只解決目前所有的 NP 問題，還可賺到一百萬美元並流芳百世、舉世聞名（此外還具有數獨友誼賽中必勝的能力）。

P ≠ NP 的證明可能不像數獨的解那樣簡單。P ≠ NP 的概念是存在 NP 問題，其無法用多項式時間（執行時間）的演算法解決。此為否定內容的證明，概念上，證明某物不可能存在，這比指證有某物的方式要困難許多。P ≠ NP 的證明需要理論電腦科學的深入探究，已超出本書論述範圍。雖然這條路較難行，不過研究人員似乎一致認為 P≠NP，若 P vs. NP 問題真的有解，即可能證明 P ≠ NP。

儘管 P vs. NP 問題是最直接有利可圖的問題，但與演算法相關的深奧謎團並非只有 P vs. NP 問題。演算法設計領域的各個方面都有敞開大門之處供探險家衝進去。不僅有理論、學術問題，還有實務問題（如何在商業環境中以演算法執行健全的實務）。把握時間：別忘了在此學到的內容，於畢生的演算法探險中，帶著新技能向知識與實務的極限邁進。朋友們，再會啊！

索引

※ 提醒您：由於翻譯書排版的關係，部份索引名詞的對應頁碼會和實際頁碼有一頁之差。

注意：斜體頁碼表示該頁內有術語定義。

數字與符號

A

B

C

D

E

F

G

H

I

J

K

L

M

N

O

P

Q

R

S

T

U

V

W

X

理解演算法｜Python 初學者的深度歷險

作　　者：Bradford Tuckfield
譯　　者：陳仁和
企劃編輯：蔡彤孟
文字編輯：王雅雯
設計裝幀：張寶莉
發 行 人：廖文良

發 行 所：碁峰資訊股份有限公司
地　　址：台北市南港區三重路 66 號 7 樓之 6
電　　話：(02)2788-2408
傳　　真：(02)8192-4433
網　　站：www.gotop.com.tw
書　　號：ACL062600
版　　次：2022 年 01 月初版
建議售價：NT$400

國家圖書館出版品預行編目資料

理解演算法：Python 初學者的深度歷險 / Bradford Tuckfield 原著；陳仁和譯. -- 初版. -- 臺北市：碁峰資訊, 2022.01
面；　公分
譯自：Dive into algorithms: a Pythonic adventure for the intrepid beginner
ISBN 978-626-324-056-8(平裝)
1.演算法
318.1　　110020661

讀者服務

- 感謝您購買碁峰圖書，如果您對本書的內容或表達上有不清楚的地方或其他建議，請至碁峰網站：「聯絡我們」\「圖書問題」留下您所購買之書籍及問題。(請註明購買書籍之書號及書名，以及問題頁數，以便能儘快為您處理)
  http://www.gotop.com.tw
- 售後服務僅限書籍本身內容，若是軟、硬體問題，請您直接與軟體廠商聯絡。
- 若於購買書籍後發現有破損、缺頁、裝訂錯誤之問題，請直接將書寄回更換，並註明您的姓名、連絡電話及地址，將有專人與您連絡補寄商品。